Formenbau und Glasfasertechnik für Flugmodelle
Kabinenhauben · Motorverkleidungen · Pilotenfiguren
Peter Holland

Formenbau und Glasfasertechnik für Flugmodelle

Kabinenhauben, Motorverkleidungen, Pilotenfiguren

Peter Holland

5. Auflage

Verlag für Technik und Handwerk
Baden-Baden

Fachwissen Modellbau
Best.-Nr.: 313 0009
Redaktion: Peter Hebbeker

Bibliografische Information der Deutschen Nationalbibliothek
Die Deutsche Nationalbibliothek verzeichnet diese Publikation
in der Deutschen Nationalbibliografie; detaillierte bibliografische
Daten sind im Internet über http://dnb.d-nb.de abrufbar.

ISBN 978-3-88180-409-7

Aus dem Englischen übersetzt von Manfred Malten

Printed in Germany
Druck: WAZ-Druck, Duisburg

Inhalt

Kapitel 1
Einführung

Wenn Sie Modelle nach veröffentlichten Plänen oder nach eigenen Entwürfen bauen, können Sie, mit ein wenig Glück, gelegentlich eine käufliche Kabinenhaube, eine Verkleidung oder ein anderes Fertigteil verwenden, auch wenn es dazu geringfügig geändert werden muß.
Was aber, wenn der Bauplan ein Formteil vorschreibt, welches nicht erhältlich ist, oder wenn Ihr Eigenentwurf ein solches Spezialteil erfordert?

Dieses Buch soll zeigen, wie man sich Formteile für ein ganz bestimmtes Modell einfach und kostengünstig selbst herstellen kann. Es behandelt dazu die verschiedenen Werkstoffe, von der warmverformbaren Kunststoffplatte über Glasfaserlaminate bis zum formgegossenen Gummiteil, sowie die verschiedenen Möglichkeiten der Anwendung von Kunststoffen bis hin zu Strukturverstärkungen und Verbesserung der Oberflächengüte. Es schlägt Bauweisen vor, zeigt, wie andere geändert oder verbessert werden können, und es hilft zudem den Käufern von Baukästen, die darin enthaltenen Fertigteile zusammenzubauen, anzupassen und fertigzustellen.

Abb. 1.1 Eine sauber geformte Kabinenhaube hebt den Gesamteindruck des Modells.

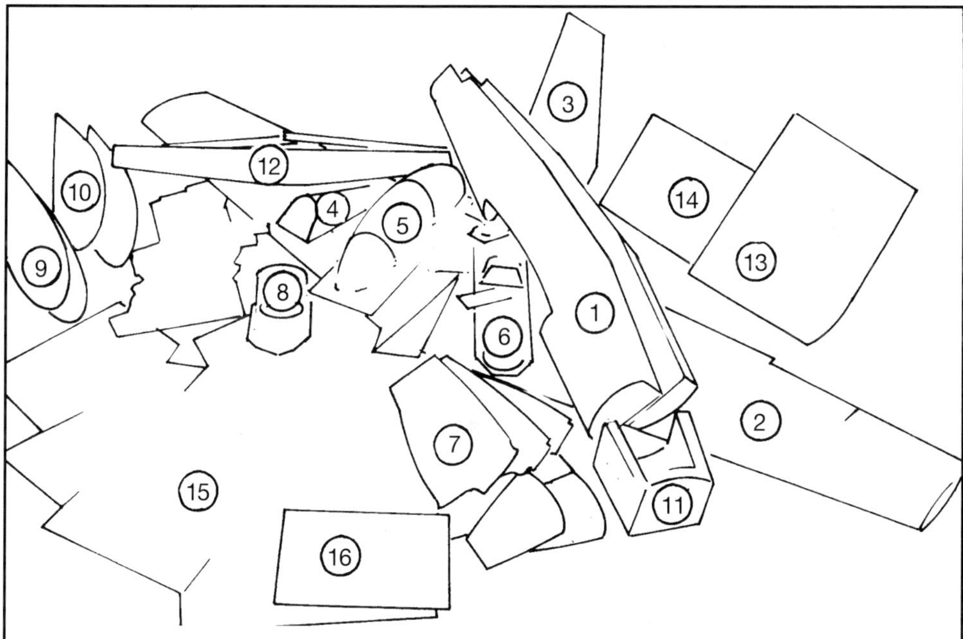

Abb. 1.2 ***1. Rumpfhälften, 2. Tragflächen, 3. Seitenflosse, 4. Rumpfrücken (alle vorgenannten Teile aus furniertem Styropor), 5. Kabinenhaube, 6. Innenteil für Kabinenausbau, 7. Hälften des Lufteinlaufes, 8. Auslaßdüse, 9. Kerne aus Balsaholz für Tiptanks, 10. Tiptanks, äußere Plastikhälften, 11. Vormontierter Tank/Motorraum, 12. Höhenleitwerk aus Balsaholz, 13. Selbstklebende Kokarden und Beschriftung, 14. Kunststoffplatte (Lexan), 15. Hinweisblätter, 16. Bauanleitung.***

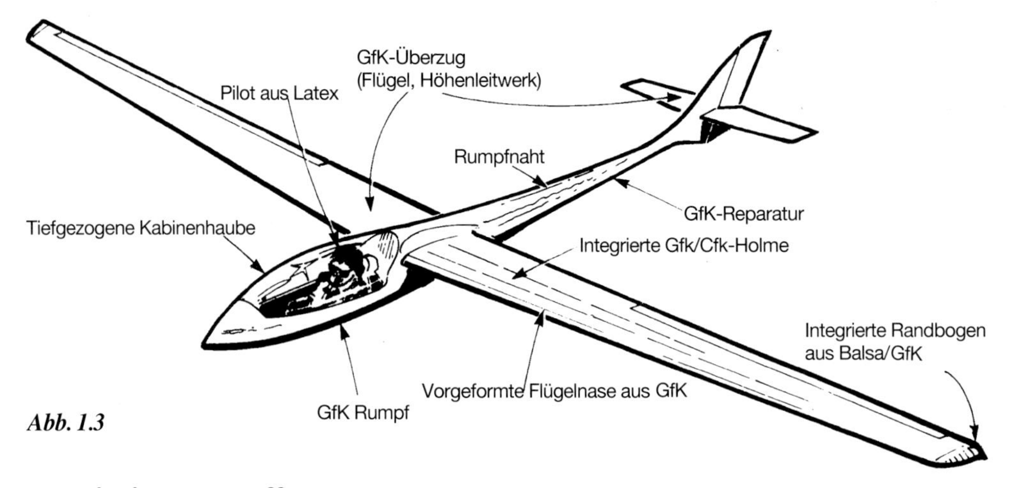

Abb. 1.3

Wo sind Kunststoffe anzuwenden?

Abbildung 1.3 zeigt eine Anzahl von Formteilen an einem einfachen Segelflugmodell. Bei einem vorbildgetreuen Motormodell könnten zur Vervollständigung noch eine strapazierfähige Motorhaube, Fahrwerksverkleidungen, Durchführungen für Rudergestänge, sowie weitere Formteile hinzukommen, wie sie die Abbildung 1.4 enthält. Verwendet man GfK auch noch für die Hauptbauteile, dann wird das Ineinanderwirken von Material und Formgebung deutlich; wahrscheinlich wenden Sie diese Werkstoffe ja bereits in irgendeiner Form an. Nun werden Sie also herausfinden, wie man mit ihrer Hilfe Spezialteile anfertigen, das Modell verstärken und ihm ein realistisches Aussehen verleihen kann, und auch, wenn es ein vorbildgetreues Modell werden soll, wie man Details genügend haltbar und »in Serie« herstellen kann.

Das Buch behandelt den Stoff nicht in der Reihenfolge der verschiedenen Teile, welche angefertigt werden sollen, sondern ist nach den zur Anwendung kommenden Materialien gegliedert. Es folgt also dem Motto: »Nachdem Sie die Hände schon mal klebrig haben, können Sie ja auch gleich noch dieses oder jenes andere Teil anfertigen...«

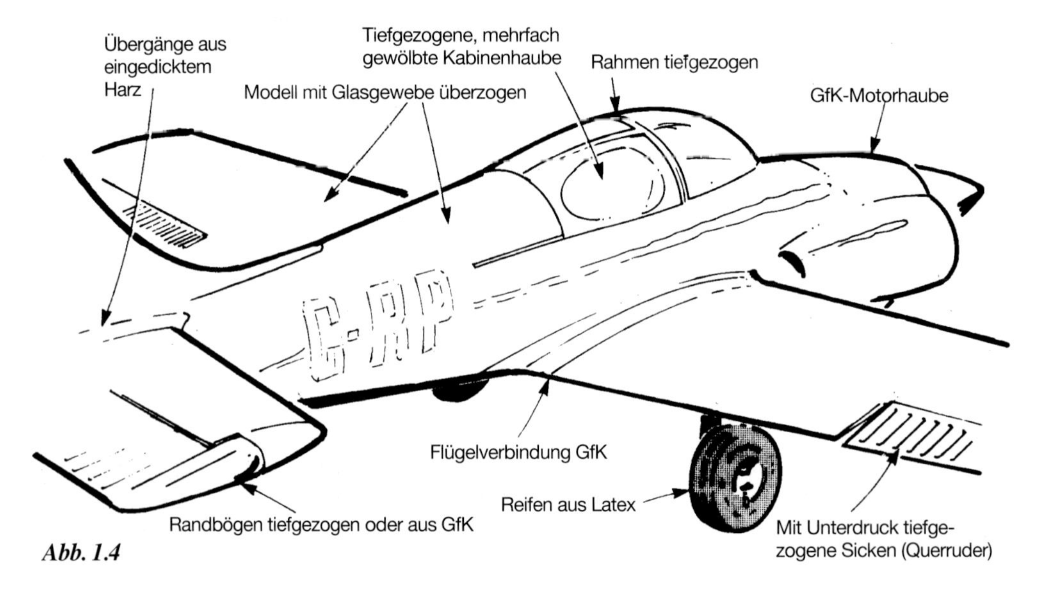

Abb. 1.4

Kapitel 2
Thermoplaste und ihre Verarbeitung

Das erste Bauteil, das einem in den Sinn kommt, wenn man an die Verformung mittels Wärme denkt, ist die Kabinenhaube. Als Fertigteil gekauft, ist sie glatt und durchsichtig, so sollte sie auch bei der Selbstherstellung sein, und nicht so, wie wir einige zu sehen bekommen haben, die von einem eiligen Modellbauer und wahrscheinlich nach einer nicht ganz sachgemäßen Methode hergestellt waren: Mit Beulen und einer zwar interessanten, aber völlig überflüssigen Holzmaserung, wodurch sie teilweise auch noch undurchsichtig wurde. Ein solches mangelhaftes Bauteil mindert die Qualität eines ansonsten gut gebauten Modellflugzeuges. Dabei hätte die Befolgung einiger Hinweise genügt, eine einwandfreie Kabinenhaube herzustellen. Anhand dieser Hinweise werden Sie zusätzlich erkennen können, daß sich mit dem gleichen Verfahren noch viele randere nützliche Teile für ein Modell anfertigen lassen.

Die Werkstoffe

Im Modellbau kommen verschiedene Kunststoffe in Form von Folien oder Platten zur Anwendung. Die gebräuchlichsten davon und ihre Eigenschaften sind in Tabelle 1 aufgelistet. Die zu verwendende Materialdicke steht in Zusammenhang mit der Größe und der Formtiefe des anzufertigenden Teils.

Die Abbildung 2.2 zeigt, was geschieht, wenn die erwärmte Plastikfolie über einen Formkörper gespannt wird. Es ist offensichtlich, daß ein schon von Anfang an zu dünnes Material bei einer großen Formtiefe so stark gedehnt wird, daß es reißt.

Andererseits führt eine über Gebühr dicke Folie bei einem flachen Formteil zu unnötigem Gewicht sowie Verschnitt, und anstelle von erforderlichen scharfen Kanten erhält man übergroße Biegeradien. Dies hat seinen Grund darin, daß für gewöhnlich das

Tabelle 1

Material	Kraftstoff-Festigkeit	Transparenz	Verformbarkeit	Festigkeit	Anfälligkeit gegen Blindwerden	Preis
ABS	Gut	Gut	Gut	Gut	Keine	Mittel
ACETATE	Schlecht	Mittel	Gut	Ziemlich hoch	Ja, wenn zu kalt	Niedrig
BUTYRATE	Mittel	Sehr gut	Ziemlich gut	Mittel	Keine	Mittel
LEXAN	Gut	Sehr gut	Gut	Außergewöhnlich	Keine	Hoch
PERSPEX	Gut	Gut	Gut	Mittel	Keine	Ziemlich hoch
STYROL	Gut	Gut	Gut	Mittel	Keine	Niedrig
VINYL	Gut	Sehr gut	Gut	Gut	Keine	Mittel

Wichtiger Hinweis: Manche Plastiksorten werden auch in Versionen angeboten, die zum Warmverformen ungeeignet sind, zum Beispiel Acetate und Perspex. Verlangen Sie also ausdrücklich »thermoplastisches« Material. (Anm. d. Übers.: Bei den vielen im Handel befindlichen Kunststoffen hilft wirklich nur Ausprobieren. Perspex entspricht in etwa unserem Plexiglas - und davon gibt's wieder mehrere Sorten.)

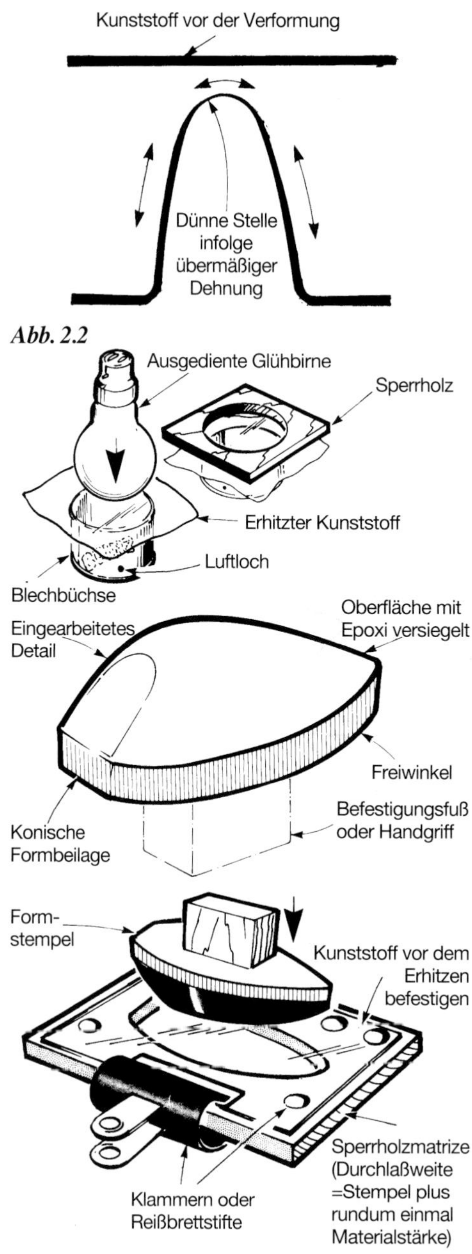

Abb. 2.2

Abb. 2.3

Formteil dadurch erzeugt wird, daß der erwärmte Kunststoff außen über einen Formklotz gezogen wird. Ein solcher Formklotz oder Stempel ist im allgemeinen einfacher herzustellen als eine Hohl- oder Negativform. Ein zweiter Vorteil ist, daß der mit seiner Innenseite aufliegende Kunststoff dabei eine glatte Außenhaut ergibt, da er kleinere Unebenheiten der Form einfach durch die sich anpassende und wechselnde Materialdicke »schluckt«, während diese Unebenheiten bei einer Hohlform auf der Außenseite des Formteils getreulich abgebildet werden.

Die Verfahren

Es gibt zwei Methoden, Folien mittels Wärme zu verformen: Die einfachere, aber in ihrer Anwendbarkeit begrenzte, ist das Prägen. Dabei wird ein Stempel in der Form des erwünschten Bauteils mit einem Griff versehen und von Hand in eine Kunststoffplatte gedrückt, welche auf einem Sperrholzrahmen befestigt ist und so lange erhitzt wird, bis sie geschmeidig ist. Eine Öffnung in der Sperrholzplatte (Matrize) zwingt die Folie dabei, sich an den Stempl anzuschmiegen (Abb. 2.3).

Obwohl diese Methode für einfache Formteile ganz brauchbar ist, kann sie sich nicht mit der zweiten, dem Unterdruckverfahren, messen, bei dem der Formstempel auf einer gelochten Platte auf einem Kasten angeordnet, und die Plastikfolie auf einem Rahmen befestigt ist, welche schnell und genau über die Form gestülpt werden kann. Unmittelbar darauf wird die Luft aus dem Kasten und damit unter der Folie abgesaugt, wodurch der atmosphärische Druck den Kunststoff rundherum an den Formstempel anpreßt. Das Prinzip ist in Abbildung 2.4 dargestellt.

Bei beiden Verfahren behält der Kunststoff nach dem Abkühlen die Form des Stempels bei und kann - vorausgesetzt die Form weist keine Hinterschneidungen auf - abgehoben und bis knapp an die endgültigen Kanten heran zugeschnitten werden.

Vielleicht ist die eine oder andere Schule für den Werkunterricht mit einem speziellen Tiefziehgerät für Kunststoffverformung ausgestattet. Verfügt man über entsprechende Verbindungen, braucht man nur noch Formstempel und Material beizusteuern, um zu seinen Formteilen zu kommen.

Formstempel

Balsaholz mag zunächst als ein schnell und einfach zu bearbeitendes Material erscheinen, aber ohne zusätzliche Behandlung ist es für den Ziehstempel nicht der ideale Werkstoff. Es ist weich und kann, selbst nachdem es glatt geschliffen ist und seine Poren gefüllt sind, unter dem Druck einer

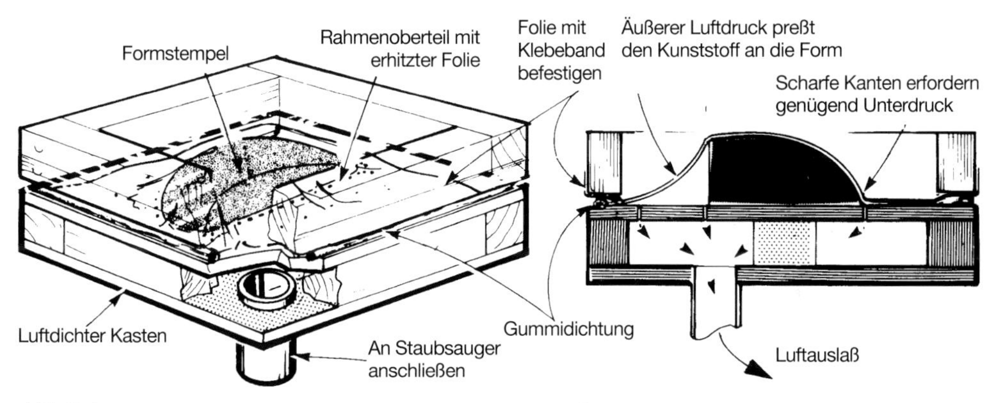

Abb. 2.4

dicken Folie nachgeben. Nur wirklich hartes Balsa, Jelutong (Anm. d. Übers.: tropische, bei uns unbekannte Holzart), oder Kiefer können mit einer harten und glatten Oberfläche versehen werden, die unbedingt notwendig ist, um den Holzmaserungseffekt zu vermeiden.

Bei der Planung der Form ist zu bedenken, daß das angefertigte Teil auch von ihr getrennt werden muß. Wenn zum Beispiel eine Kabinenhaube eine seitliche Auswölbung aufweist, dann ist sie an ihrem unteren Rand schmäler als weiter oben an den Seiten, was, spätestens beim Versuch des Entformens, ohne die nötigen Vorkehrungen garantiert zu Frustrationen führt. Solche Formteile müssen mehrfach geteilt aufgebaut werden, wie es die Abbildung 2.5 zeigt. Wenn dem die Lage der Kabinenspanten entgegensteht, dann muß der Stempel selbst geteilt werden, was eine komplizierte Angelegenheit ist, da die Teilung so zu erfolgen hat, daß die Stöße über der Position der eventuellen Kabinenspanten zu liegen kommen (Abb. 2.6). Bei dieser Gelegenheit ist auch festzulegen, ob der Formstempel gleich den Kabinenrahmen erhaben mit angeformt bekommt oder nur Markierungen dort erhält, wo der Rahmen später nach dem Anpassen ans Modell angebracht werden soll. Wenn die Folie nicht sehr dünn und der Anpreßdruck beim Absaugverfahren nicht sehr hoch ist, dann werden die Kabinenrahmenmarkierungen höchstwahrscheinlich nicht sehr scharf ausgeprägt sein, besonders dort nicht, wo Kabinenrahmen und Verglasung aufeinandertreffen. Das rührt daher, daß der atmosphärische Druck nicht ausreicht, den Kunststoff um scharfe innere Kanten herumzuzwingen, wenn der Unterdruck zum Beispiel mit einem normalen Haushaltsstaubsauger erzeugt wird (Abb. 2.7).

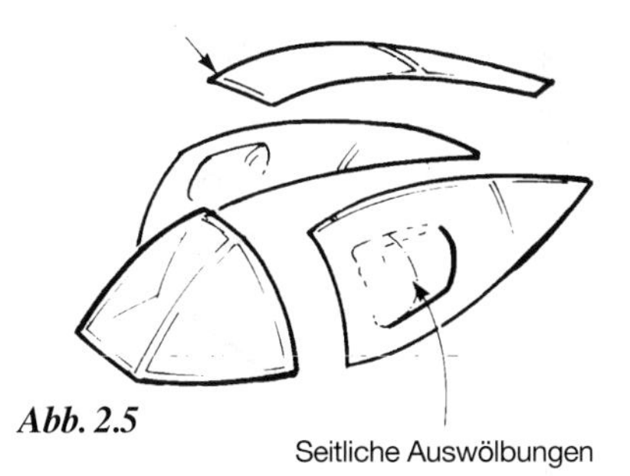

Abb. 2.5

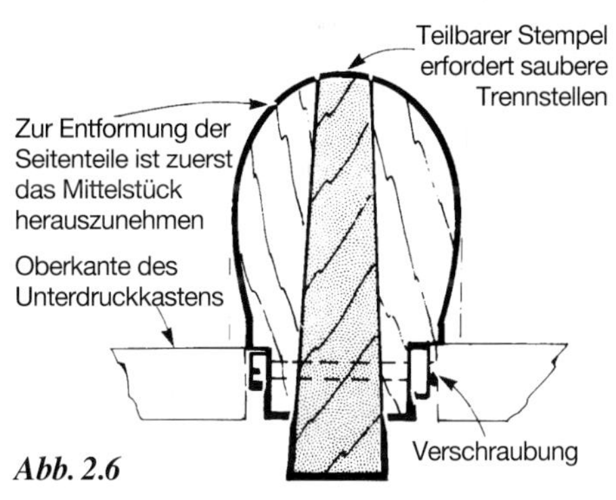

Abb. 2.6

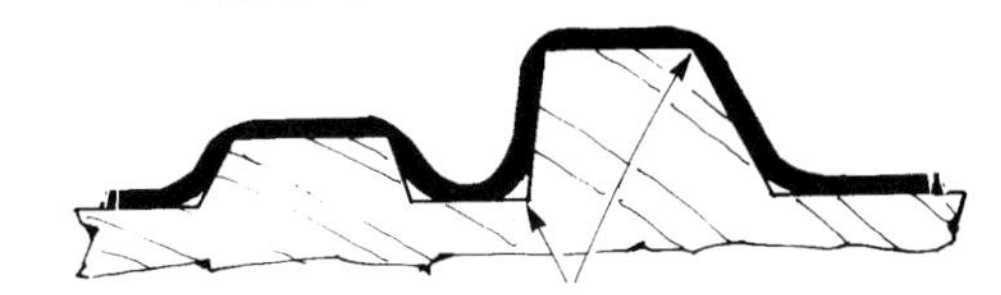

Abb. 2.7

Ein einfaches Unterdruck-Formgerät

Im Vergleich zu den Formkörpern ist diese Vorrichtung verhältnismäßig einfach herzustellen. Die obere Auflagefläche besteht aus gelochter Preßpappe, welche gegen ein Nachgeben von unten abgestützt werden kann. Wahlweise, und für größere Abmessungen besser geeignet, kann auch 4 bis 6-mm-Sperrholz verwendet werden. Dann müssen allerdings die Löcher noch gebohrt werden, etwa im gleichen Abstand wie bei der Lochplatte, vorzugsweise aber nicht größer im Durchmesser als 1,5 mm (Anm. d. Übers.: man kann auch Aluminium-Lochplatten kaufen und diese notfalls doppelt legen, für ganz schwere Kaliber!) Das Gerät des Autors besteht aus einem Rahmen aus 25 x 25-mm-Weichholz, hat auf der Unterseite einen alten Plastikdeckel angeschraubt und sitzt damit beim Gebrauch direkt auf der Saugöffnung des Staubsaugers auf, der dazu hochkant aufgestellt wird. Der Rahmen, der die Plastikfolie festhält, besteht ebenfalls aus 25 x 25-mm-Vierkantholz und hat an den abgewandten Ecken Aluminiumwinkel als Führungen, die etwas ausgestellt sind, um langwierige Fummelei beim Umsetzen des Rahmens mit dem erhitzten Kunststoff vom Backofen auf die Form zu vermeiden.

Auf dem glatten, ungelochten Rand des Kastens ist mit Epoxyd-oder Kontaktkleber ein Silikonschlauch oder Moosgummistreifen befestigt, der die aufgelegte Folie luftdicht abschließt. Die Abbildung 2.8 zeigt den prinzipiellen Aufbau.

Erhitzen des Kunststoffs

Zunächst sollten Sie feststellen, ob Sie den für das zu fertigende Teil geeigneten Kunstoff gewählt haben. Manche davon gleichen sich zwar im Aussehen, verhalten sich jedoch unterschiedlich. Bei einer durchsichtigen Plastikfolie kann es sich zum Beispiel um ABS handeln, welches für unsere Zwecke

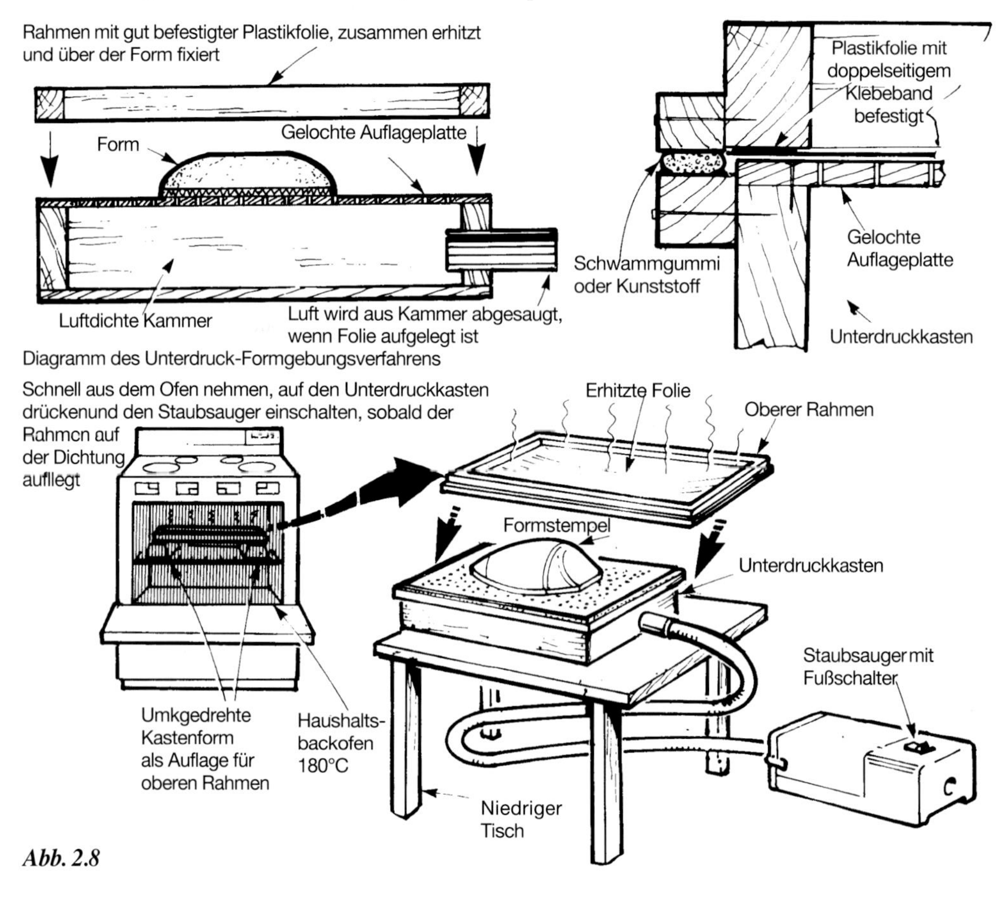

Abb. 2.8

geeignet wäre, genausogut aber um ein Azetatprodukt, von denen es Ausführungen gibt, die warm verformbar sind, aber auch solche, die sich nur für ebene Flächen eignen, weil sie sich beim Erhitzen nicht dehnen lassen. Genauso gibt es verschiedene Acrylglassorten, die sehr schwierig auseinanderzuhalten sind. Vermeiden Sie das in Heimwerkerläden zum Verglasen angebotene Acrylglas - es eignet sich nicht zum Formziehen. Es kann zwar tiefgezogen und unter Hitze gebogen werden, nach einigen Tagen wird es jedoch spröde und bekommt Haarrisse an den gedehnten Stellen. Auch auf manche Farben und sogar auf Poliermittel reagiert es unfreundlich. Es ist wirklich nur als Fensterglas zu gebrauchen. Das etwas weichere Polyvinyl läßt sich zwar dehnen, behält aber die eingenommene neue Form nicht bei. Gewitzte und sparsame Bastler schneiden sich Plastik-Getränkeflaschen zurecht, und wenn die dabei herauskommende Form noch nicht genau paßt, wird der Flaschen-Kunststoff erneut erhitzt und zurechtgeformt und beginnt schließlich nach diesem »Recycling« ein neues Dasein, zum Beispiel als Kabinenhaube. Bei der ganzen Angelegenheit muß man etwas herumprobieren. Nur wenn man das richtige Material herausgefunden und für den zukünftigen Verwendungszweck gekennzeichnet hat, lassen sich spätere Verwechslungen und Enttäuschungen vermeiden.

Um das zu erreichen wird ein kleines Stück des betreffenden Materials im Grillofen oder im Backrohr erwärmt, bis es »lappig« wird, worauf es mit zwei Zangen ergriffen und gedehnt wird. Dabei sollte sich der Kunststoff zu einem dünnen Faden ausziehen lassen, bevor er reißt. Läßt er das nicht zu, dann ist entweder das Probestück noch nicht genügend erwärmt, oder es handelt sich um eine für das Tiefziehen nicht geeignete Sorte von Kunststoff. Dabei ist schnelles und zeitgerechtes Vorgehen nötig: Erhitzt man zu lange, führt die Überhitzung zu Blasenbildung, wodurch die Oberfläche rauh und teilweise trübe wird; braucht man hingegen zu viel Zeit bis zum Einsetzen des eigentlichen Formvorganges - also für den Weg vom Ofen auf die Form -, dann kühlt der Kunststoff inzwischen wieder ab und läßt sich nicht mehr richtig ziehen.

Manche Modellbauer erkennen den richtigen Zeitpunkt für das Formziehen daran, daß der Kunststoff zunächst leicht nachgibt beim Erhitzen, sich zwischendurch noch einmal geringfügig strafft, bevor er dann endgültig weich wird und im Halterahmen durchhängt. Andere ermitteln die Aufheizzeit in Abhängigkeit von der Materialdicke. Da aber sowohl die Ofentemperaturen als auch die Arbeitsgeschwindigkeit von Modellbauer zu Modellbauer unterschiedlich sind, hilft auch hier nur Ausprobieren.

Im Idealfall ist die Wärmequelle in das Tiefziehgerät integriert. Einfacher, aber genauso erfolgreich, ist eine gut eingeübte Technik im Herausnehmen und Aufbringen des erhitzten Kunststoffes auf die Form unter gleichzeitigem Einschalten des Staubsaugers. (Das Ganze geht in Wirklichkeit schneller als sich dieser Absatz lesen läßt.)

Größere Formteile

Sind größere Teile anzufertigen, 350 mm lang oder gar noch mehr, dann reicht der häusliche Backofen nicht mehr aus, diese Kunststofftafeln aufzuheizen. Auch ist das Hantieren und das schnelle Aufsetzen des Folienhalterahmens auf die Form nicht immer mit der erforderlichen Genauigkeit möglich. Mit dem in Abbildung 2.9 gezeigten Kombinationsgerät lassen sich diese Schwierigkeiten überwinden. Es hat den Vorteil, daß der Kunststoff bis unmittelbar vor dem Formvorgang gleichmäßig erhitzt wird. Da der Folienhalter unmittelbar über der Form angebracht ist, dauert der Weg vom Heizelement auf die Form nur einen Augenblick. Vorteilhaft ist zusätzlich, daß die nachwirkende Strahlungshitze das Abkühlen verlangsamt, wodurch mehr Zeit für den Aufbau eines wirkungsvollen Unterdruckes zur Verfügung steht.

Die Backofenmethode erlaubt das Weiterheizen nur mit einem Heißluftgebläse oder einer ähnlichen Wärmequelle, welche dazu nach dem Einschalten des Staubsaugers auf die Umgebung des Formstempels gerichtet wird. Da man keine drei Hände hat, führt das in dem gedehnten und darum dünnen Kunststoff leicht zu Schmelzlöchern.

Bei der Anfertigung der Heizung für das Kombinationsgerät ist Vorsicht geboten, da man es immerhin mit 220 V zu tun hat. Die Ständer für das Heizelement sollten daher gegen Kurzschluß isoliert sein, und die Anschlußdrähte den Bestimmungen für Verwendung bei hohen Temperaturen entsprechen. Alle Anschlüsse und Verdrahtungen müssen ordnungsgemäß isoliert sein– lassen Sie Ihr Gerät unbedingt von einem hierfür berechtigten Elektriker auf Einhaltung der VDE- und Sicherheitsvorschriften hin überprüfen!

Ein Vorteil der Unterdruckmethode besteht darin, daß bei flachen Formteilen keine allzu hohe

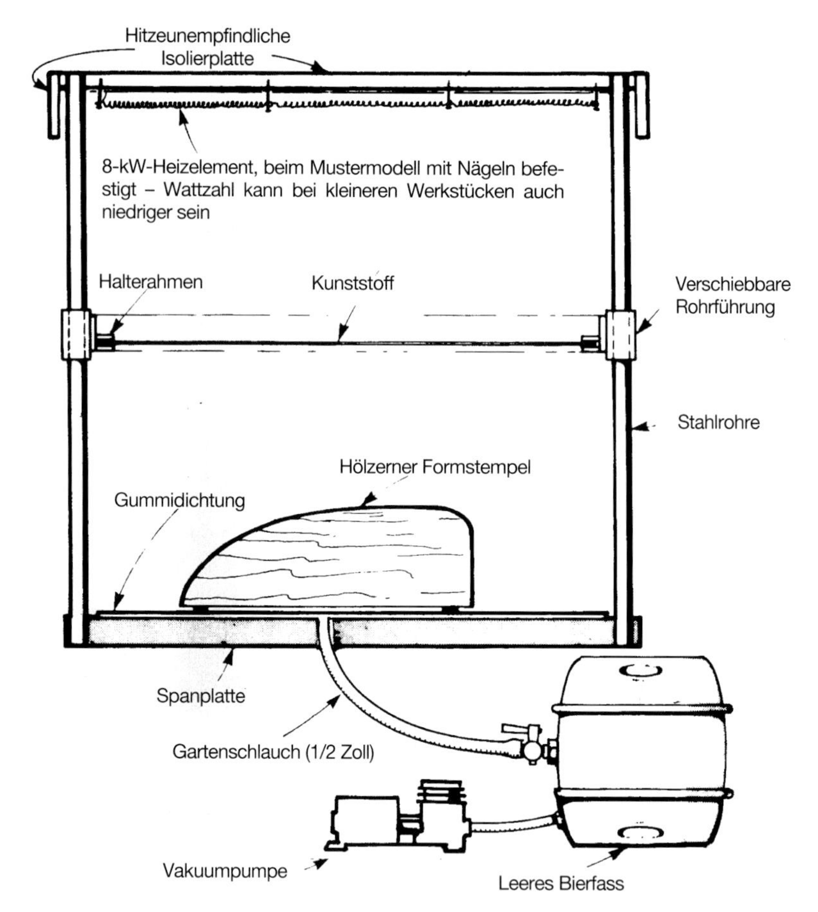

Abb. 2.9

Dehnung eintritt, so daß der Kunststoff bei einem fehlgeschlagenen Formversuch zurückgewonnen beziehungsweise noch einmal verwendet werden kann; unter der Voraussetzung, daß die Folie kein Loch bekommen und sich auch nicht vom Halterahmen gelöst hat, kann man sie bedenkenlos mehrmals neu erwärmen.

In gleicher Weise wird das Unterdrucktiefziehen

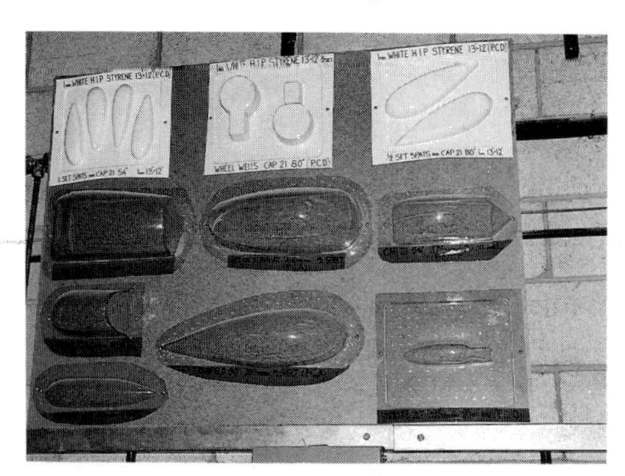

Abb. 2.10 Im Handel erhältliche Teile aus verschiedenen weißen und transparenten Kunststoffen.

Abb. 2.11: Industrielles Vakuum-Tiefziehgerät mit eingelegtem Formstempel.

bei undurchsichtigen Kunststoffen zur Anfertigung von Übergängen, Verkleidungen, Auswölbungen, Randbögen und Gondeln angewandt. Für vorbildgetreue Modelle können gerippte Tafeln angefertigt werden, zum Beispiel für die zur Versteifung der Beplankung mit Sicken versehenen Ruderflächen. Kleine Teile können zusammen auf dem Unterdruckkasten gruppiert und in einem einzigen Vorgang hergestellt werden. Bei Einzelanfertigung kleiner Formteile kann ein entsprechend kleines Stück Kunststoffolie mit Klebeband auf Karton oder dikkem Papier fixiert und so zum Einspannen auf Rahmengröße gebracht werden (Abb. 2.13). Lassen Sie jedoch rundum genügend Material für den Dehnvorgang stehen, sonst löst sich beim Ziehen die Folie vom Klebeband und ist danach Ausschuß.

Entformen

Nach dem Abnehmen des Halterahmens muß der Formstempel gefühlvoll aus dem tiefgezogenen Teil gelöst werden. Drücken Sie, um den Stempel zu befreien, nicht auf das Formstück, sondern ziehen Sie die Seiten vorsichtig auseinander, um Luft eintreten zu lassen. Wenn nötig, und falls der Stempel nicht ohnehin damit in einer Art Schlüsselloch auf dem Kasten befestigt ist, können Sie eine Schraube eindrehen und damit den Stempel solange hin und her bewegen, bis er sich ganz vom Formteil gelöst hat. Schneiden Sie danach den überstehenden Kunststoff weg, es sollte lediglich ein Rand von etwa 5 bis 10 mm stehen bleiben (Abb. 2.14). Auch nach unten sollte etwas zusätzliches Material bis zum vorgesehenen Rand stehen bleiben (Anm. d. Übers.: dazu dient auch die leicht konische Beilage unter dem Formstempel, wie in Abbildung 2.3 zu sehen). Es bleibt dadurch steif genug für die weitere Bearbeitung und für das abschließende Polieren. Handelsübliche Formteile weisen breite Ränder auf, damit sie ihre Form bei der Lagerung beibehalten; gleichzeitig sind sie auf diese Weise auch schneller herzustellen.

Versuchen Sie nicht, große Teile gleich in einem Zug bis knapp an das Formstück heran abzutrennen. Es könnte sich dabei verziehen, an seiner Oberfläche von Schere oder Messer verschrammt werden oder gar brechen.

Anpassen und Zuschneiden

Nichts sieht so nachlässig aus wie eine schlecht angepaßte Kabinenhaube, aber es gibt Rumpffor-

Abb. 2.12 Industrielles Vakuum-Tiefziehgerät

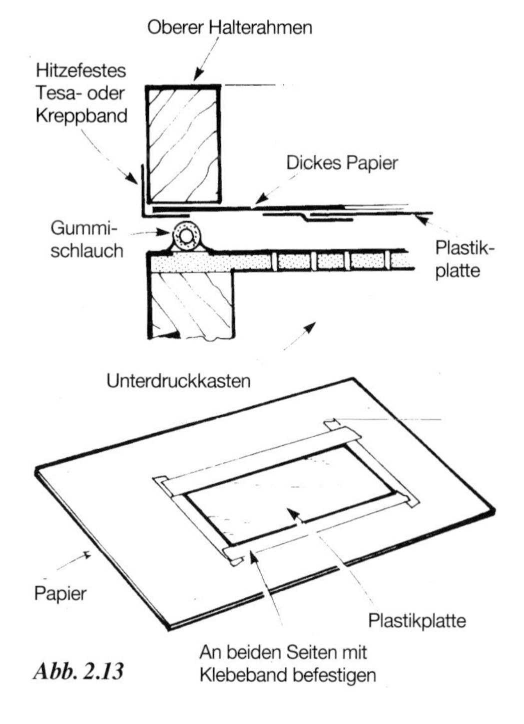

Abb. 2.13

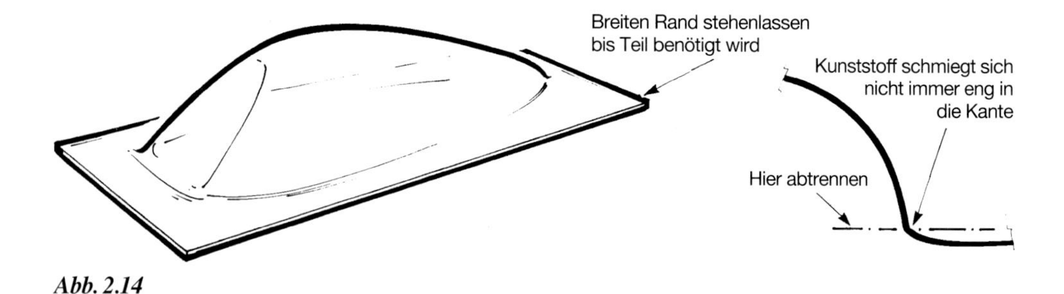

Abb. 2.14

men, die dazu wie geschaffen scheinen, alle Bemühungen zu vereiteln, einen sauberen Sitz zustande zu bringen. Eine sehr gute Anpaßmethode besteht darin, sich einen »falschen« Kabinenrahmen auf einem Stück Karton aufzubauen, der dazu mit Klebeband so am Modell befestigt wird, wie es die Abbildung 2.15 zeigt.

Die Begrenzungslinie der Verglasung sollte dabei dort verlaufen, wo Karton und Plastilin (Modelliermasse, Knetmasse) aufeinandertreffen. Dieser Abdruck des Kabinensitzes wird dann - vorsichtig, um das Plastilin nicht zu verformen - in die Kabinenhaube eingeführt, wobei seine Ränder überall satt anliegen sollten. Daraufhin überträgt man die Trennlinie mit Zeichentusche oder Fettstift auf die Außenseite des Kunststoffes. Soll die Haube den Kabinenrand überlappen, schneidet man sie anschließend entlang einer um die Breite dieser Überlappung in die »Abfallseite« parallel versetzten Linie zu. Wenn der Rand der Kabinenhaube dagegen eingelassen werden soll, legt man den Schnitt genau auf die Trennungslinie. Das Anpassen sollte in mehreren Etappen erfolgen, um sicherzustellen, daß die Plastilineinlage nicht verrutscht oder verformt wird.

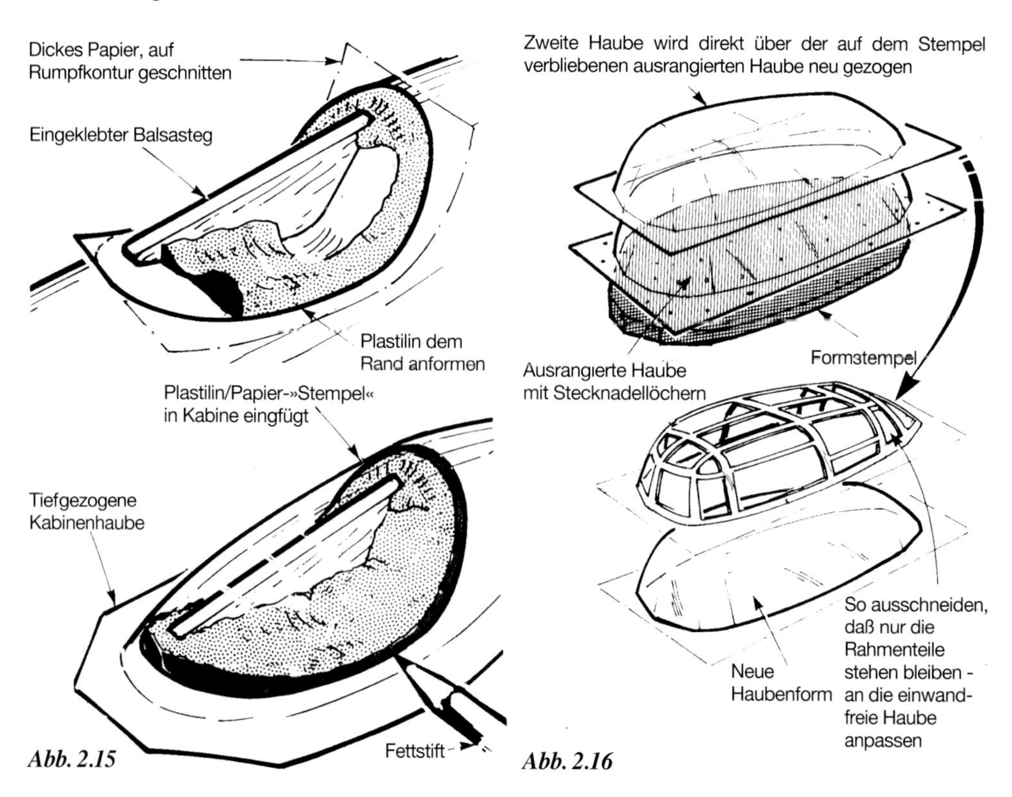

Abb. 2.15

Abb. 2.16

Zu diesem Zeitpunkt sollte man daran denken, daß keine Gelegenheit mehr besteht, das Kabineninnere oder etwaige Kabinenspanten zu bemalen, wenn die Haube erst einmal angebracht ist!

Ein oder zwei Tropfen Sekundenkleber halten die Haube an Ort und Stelle, während sie mit Epoxydharz endgültig am Rumpf befestigt wird. Vorher sollten Sie aber noch die Kante mit einem schmalen Streifen abkleben, der nur soviel Rand für das Epoxydharz zum Kleben frei läßt, wie später vom Anstrich überdeckt wird. Sie verhindern dadurch, daß die Glasflächen mit Harz verschmiert werden. Tragen Sie den Epoxydkleber sparsam auf, damit er nicht ins Innere läuft. Wischen Sie überschüssiges Harz gleich ab, und entfernen Sie das Klebeband, bevor der Kleber völlig ausgehärtet ist. Eine Alternative zu Epoxi, zumindest für englische Modellbauer, ist ein unter der Bezeichnung »Modeller's Glue« angebotener Klebstoff.

Kabinenhauben mit außenliegendem Rahmen

Wenn man sich einen zweiten Abzug der Kabinenhaube anfertigt und diesen, nachdem er zugeschnitten und mit feinen Löchern versehen wurde, auf dem Stempel beläßt, dann kann man damit über diesem aufgedickten Formstempel eine um die Materialdicke größere Haube ziehen. Schneidet man hernach die »Glaspartien« aus, dann bleibt das Kabinengerüst übrig, das später, dann bereits gestrichen, über der am Rumpf montierten Haube angebracht werden kann. Auf diese Weise gefertigte Rahmen und Kabinenholme können besser aussehen, als einzeln aufgebrachte dünne Streifen aus Sperrholz, Plastik, oder Metall (Abb. 2.16). Dieses Verfahren ist etwas für Liebhaber vorbildgetreuer Modelle, wird hier aber angeführt, da es zum Thema »Tiefziehen« gehört.

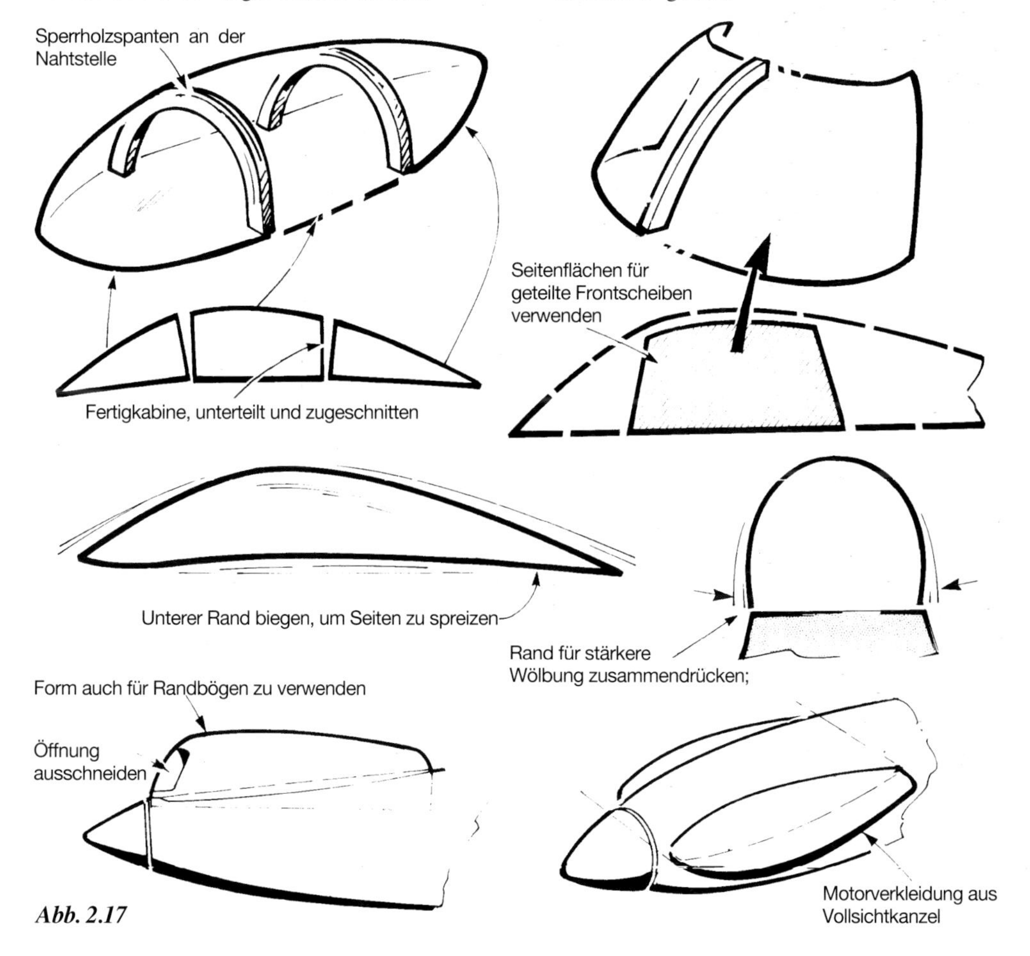

Abb. 2.17

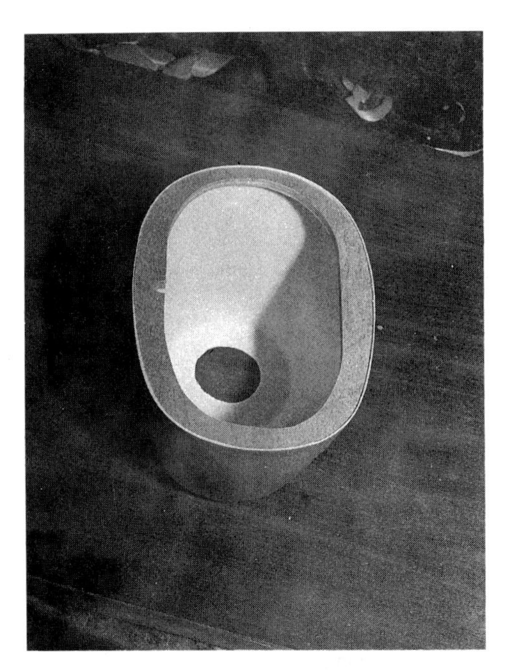

Abb. 2.18 Eine Motorhaube, die als Form verwendet werden kann. Für Unterdruck-Tiefziehen müßte die vordere Öffnung verschlossen werden. Bei einer Verkleidung dieser Tiefe ist eine Herstellung in zwei Teilen vorzuziehen.

»Stückwerk«

Ihr nächstes Modell benötigt vielleicht ein Tiefziehteil, für das Sie noch keine Form haben. Anstelle nun einen vorhandenen Stempel abzuändern oder gar neu anzufertigen, sollten Sie überlegen, ob das Teil nicht auch unter Verwendung vorhandener Formen zusammengesetzt werden kann. Die Abbildung 2.17 gibt dazu einige Anregungen. Genauso kann man mit käuflichen Formteilen verfahren: Mit ein wenig Findigkeit kann man Kabinenhauben sogar für Randbögen oder Boxermotor-Verkleidungen verwenden; sind sie erst einmal lackiert, sieht man ihnen ihre Herkunft nicht mehr an.

Planung

Denken Sie beim Entwerfen Ihrer Formteile daran, daß der Dehnbarkeit (oder dem »Zug») des Kunststoffes Grenzen gesetzt sind. Sicher, käufliche Kunststoffteile sind oft groß, aus starkem Material und überwiegend aus einem Stück gefertigt, aber die wurden auch auf Industriemaschinen hergestellt. Der Modellbauer muß sich da ein wenig bescheiden.

Bei Sternmotorverkleidungen sollten Sie nur die Frontpartie tiefziehen. Die Kipphebelbeulen an der Verkleidung einer Bücker »Jungmeister« zum Beispiel sollten Sie einzeln anfertigen, und auch bei Boxermotoren sollte die vordere Haubenpartie getrennt gezogen werden, wodurch die hinteren Teile einfacher zu fertigen sind. Ebene Flächen oder eindimensional gekrümmte, abwickelbare Teile braucht man nicht tiefzuziehen.

Wenn auch das fertige Teil eine Öffnung haben sollte, bei einer Sternmotorverkleidung sogar eine ziemlich große: Beim Ziehen mittels Unterdruck müssen diese Öffnungen »blind« sein, denn Löcher und Unterdruck vertragen sich nicht miteinander. (Anm. d. Übers: Eine Umbördelung des vorderen Ringes einer Sternmotorverkleidung nach innen kann man trotzdem dadurch erreichen, daß der Ziehstempel in der vertieften Stelle mehrere im Kreis angeordnete dünne Bohrungen erhält, welche bis auf die Lochplatte hinabreichen. Damit wird die Luft auch aus diesem Hohlraum zwischen Folie und Stempel abgesaugt, und der Kunststoff schmiegt sich sauber nach innen. Auch das Entformen der Haube wird durch den Druckausgleich erleichtert.) Der Kunststoff über der Öffnung wird später ausgeschnitten und kann wie jedes andere Stück zum Abformen kleinerer Teile wiederverwendet werden.

Üben Sie zunächst mit dünner Folie an kleinen Teilen. Später, wenn Sie das Tiefziehen mit und ohne Unterdruck beherrschen, können Sie sich dann ohne allzu großes Risiko, Ausschuß zu produzieren, auch an größeren Teilen versuchen. Tiefziehen ist ein sauberes Verfahren, aber ziehen Sie dicke Arbeitshandschuhe an, oder benutzen Sie, wenn Sie damit arbeiten können, Topfhandschuhe, - es geht dabei erstaunlich heiß zu!

Kapitel 3 Laminieren mit Glasfaserwerkstoffen

Eine der am meisten angewandten Methoden, die Zellen von Modellflugzeugen zu verstärken, bis hin zur Fertigung kompletter Rümpfe, sogar ganzer Flügel, ist die Verwendung glasfaserverstärkter Kunstharze, kurz GfK genannt.

Die tragende Funktion wird von gesponnenen Glasfäden übernommen. Am stärksten ist »Glasgewebe«, das dazu noch leichter ist, als die aus geschnittenen Fasern bestehenden »Matten«, wie sie zumeist in Auto-Reparaturpackungen zusammen mit Epoxyd- oder Polyesterharz und dem entsprechenden Härter beziehungsweise Katalysator angeboten werden. Der Zweck des Kunstharzes ist es dabei, die Glasfasern aneinander und an die umgebende Struktur zu binden. Das dabei entstehende Material ist elastisch und sehr fest, aber auch schwerer als Balsa oder Sperrholz, an deren Stelle es eingesetzt wird. In Spezialverfahren ist es möglich, sehr dünne GfK-Teile herzustellen, welche ohne Gewichtsnachteil fester als bei herkömmlicher Bauweise sind, wodurch schlankere Hochleistungstragflächen mit höherer Streckung, zum Beispiel für Wettbewerbssegler, gebaut werden können. Epoxydharze sind stärker und leichter als Polyesterharze. Sie sind nicht so spröde, und sie ergeben zusammen mit Glasgewebe bessere Laminate und Verstärkungen. (Anm. d. Übers.: Die Festigkeit eines Laminates beruht in erster Linie auf dem Faserwerkstoff und seinem relativen Anteil, die Festigkeit des die Fasern verbindenden Harzes spielt dabei, wenn überhaupt, nur eine sehr untergeordnete Rolle.)

Verbinden von Tragflügeln

Das Verbinden von Tragflügelhälften ist eine gute Gelegenheit, sich mit Arbeitsweise und Material vertraut zu machen. Viele Baukästen enthalten furnierbeplankte Schaumstoffkerne, und in den meisten Fällen werden auch genaue Hinweise gegeben, wie die Tragflügelmitte zu verstärken ist. Andere Hersteller setzen jedoch beim Modellbauer einige Vorkenntnisse voraus. Versuchen wir es gleich beim ersten Mal richtig zu machen - der Aushärtevorgang ist nicht umkehrbar, und wenn er erst einmal abgeschlossen ist, kann der GfK-Verbund nicht mehr weichgemacht, geschmolzen oder entfernt werden, ohne die umgebende Struktur zu zerstören.

Wenn Flügelhälften zusammengefügt werden sollen, ist zuallererst sicherzustellen, daß das Polyesterharz, das vornehmlich in den Auto-Reparaturpackungen verkauft wird, auf keinen Fall mit dem Schaumstoffkern in Berührung kommt. Es frißt unbemerkt unter dem Furnier den Kern an, und wenn die Verbindung belastet wird, dann klappt der Flügel zusammen.

Aus diesem Grunde soll als Matrix ein Epoxydharz mit dem entsprechenden Härter verwendet werden. Man kann 5-Minuten-Epoxy verwenden, aber wenn man es nicht so eilig hat, sind Harze mit Aushärtezeiten von einer bis zu drei Stunden günstiger. Im Gegensatz zu Polyester greift Epoxydharz das Styropor nicht an und bindet dabei das Glasgewebe oder die Bandage, welche die Verbindungsstelle verstärken soll, genausogut, oft sogar noch besser.

Epoxydharz ist etwas teurer als Polyesterharz. Es wäre aber falsche Sparsamkeit, nach dem Verkleben der beiden Hälften mittels Epoxi, nun mit dem billigeren Polyesterharz für die eigentliche Verstärkung weiterzuarbeiten. Es besteht nämlich dabei die Gefahr, daß das Polyesterharz, ebenso wie seine Lösungsmitteldämpfe, durch kleine Spalten oder

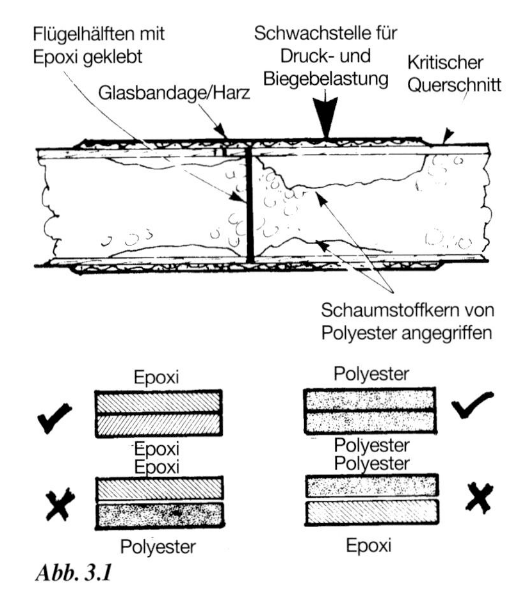

Abb. 3.1

Risse in der Beplankung den darunterliegenden Kern angreift. Es ist vielleicht nicht hinreichend bekannt, daß sich Polyester- und Epoxydharze nicht wirksam miteinander verbinden. Aus diesem Grund ist es aber ebenfalls nicht sinnvoll, und außerdem ein ziemliches Gepatze, das Furnier dort, wo es anschließend mit Bandage und Polyesterharz beschichtet werden soll, vorher mit Epoxydharz zu bestreichen. Die Abbildung 3.1 soll Sie daran erinnern.

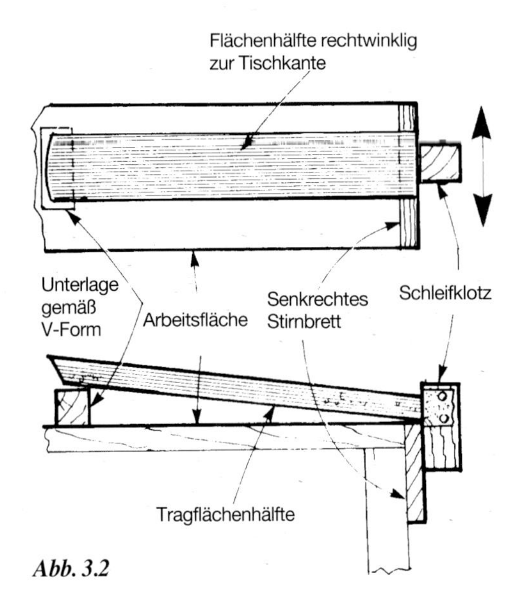

Abb. 3.2

Ausrichten

Wenn die Tragfläche wenigstens eine ungepfeilte Kante hat oder rechteckig ist, dann ist das Ausrichten der Hälften vor dem Zusammenfügen leicht. Abbildung 3.2 schlägt eine einfache Vorrichtung vor, um die Genauigkeit zu erhöhen. Falls die Werkbank ein breites Stirnbrett besitzt, kann dieses als Führung für einen Schleifklotz dienen. Vor dem Zuschleifen werden die Flügelhälften am Randbogen entsprechend der vorgegebenen V-Form unterstützt, oder, falls keine V-Form nötig ist, mit Ge-

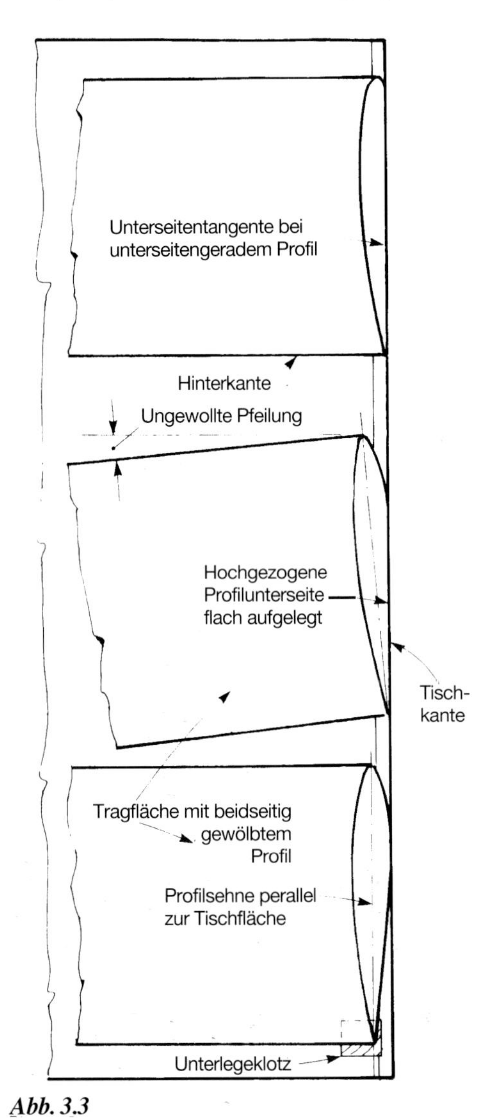

Abb. 3.3

wichten beschwert flach aufgelegt. Flügel mit beidseitig gewölbtem Profil müssen an der Endleiste so unterlegt werden, daß die Profilsehne parallel zur Tischoberfläche zu liegen kommt. Wenn dies nicht beachtet wird, erhalten die Flächenhälften ungewollt eine Pfeilung. Die Abbildung 3.3 zeigt, warum.

Achten Sie darauf, daß Sie am Ende eine linke und eine rechte Tragfläche haben, und daß bei jeder die Flächenoberseite auch tatsächlich oben ist. Das mag wie eine Binsenweisheit klingen, aber nehmen wir an, Sie hätten eine furnierbeplankte Rechteckfläche mit einem annähernd, aber eben nicht wirklich vollsymmetrischen Profil. Begeisterung mit Eile gepaart, kann dann leicht zu zwei linken oder zwei rechten Tragflügelhälften führen, oder, anders gesehen, zu einer Hälfte, welche Auftrieb, und zu einer zweiten, welche Abtrieb liefert. Abbildung 3.4 schlägt eine Möglichkeit der Kennzeichnung vor.

Nachdem die Berührungsflächen an der Flügelwurzel genau passend geschliffen sind, können die Hälften mit Klebeband an den flacheren Unterseiten scharnierartig miteinander verbunden werden.

Tragen Sie Epoxydharz an Schaumstoffkern und Furnier auf, klappen Sie die Hälften wieder aneinander, und legen Sie sie mit einer untergebreiteten Polyäthylenfolie auf eine ebene Unterlage. Die Tragflächenendkanten sollen dabei am Mittelstoß einschließlich der Polyäthylenfolie auf einem gemeinsamen Unterlegeklotz aufliegen.

Unterstützen Sie die Flügelenden entsprechend der V-Form und lehnen Sie Gewichte in Spannweitenrichtung von außen gegen die Randbögen, um die Klebestelle in der Flügelmitte leicht zusammenzupressen.

Kontrollieren Sie die Tragflächenhälften noch ein letztes Mal auf genaue Ausrichtung, welche dann gewährleistet ist, wenn Sie mit dem Fingernagel seitwärts an Nasenleiste und Endleiste und an einigen anderen Punkten der Oberseite über die Verbindungsnaht streichen können ohne hängenzubleiben.

Entfernen Sie Tropfen und hervorgequollenes Harz bevor der Epoxydkleber ganz ausgehärtet hat, also noch in gummiartigem Zustand ist, sonst wird der Klebestoß unregelmäßig und kann, falls sich die Harztränen dort befinden, unter Umständen den Sitz des Flügels an Nasen- oder Endleiste beeinflussen. (Anm. d. Übers.: nicht mehr Harz nehmen als nötig; sollte es doch etwas mehr geworden sein, wischen Sie es sofort mit einem mit Brennspiritus angefeuchteten Läppchen ab).

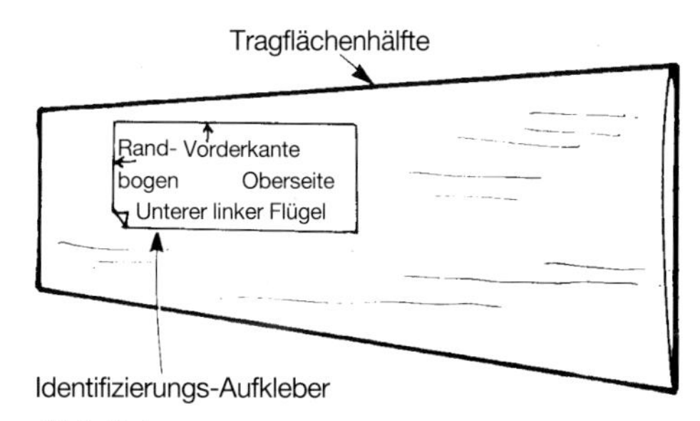

Abb. 3.4

Verstärkungen

Für beste Wirkung soll die Verstärkung allmählich abnehmen, um eine sprungartige Veränderung in der Festigkeit zu vermeiden. Allzu abrupte Übergänge führen zu Schwachstellen und können einen Flügelbruch an der Verstärkungskante verursachen. Im Idealfall wird eine beispielsweise 50 mm breite Bandage von einem etwa 100 mm breiten, dünnen Glasgewebe überdeckt. Dadurch wird ein abgestufter Übergang der Festigkeit bis zur Beplankung erreicht (Abb. 3.5). Beide Lagen sind um Nasen- und Endleiste herumgeführt und treffen sich auf der Unterseite, falls es sich um einen Hochdecker handelt, oder auf der Oberseite der Fläche, wenn es ein Tiefdecker ist. Auf diese Weise bleibt der Stoß »außer Sicht». Wenn in der Wurzel ein Querruderservo eingelassen ist, wird zunächst über die Öffnung bandagiert, und diese dann nachträglich wieder ausgeschnitten, wenn das Harz schon angezogen hat, aber noch nicht voll durchgehärtet ist. Bei einigermaßen dicken Flügeln kann man die Bandage auch jeweils vor beziehungsweise hinter der Rudermaschinenöffnung enden lassen.

Tragflügel mit um die Nase herumgeführter Beplankung oder furnierten Endleisten erhalten vorteilhafterweise Streifen aus Glasfaserband auflaminiert, die sowohl bei Befestigung der Tragflä-

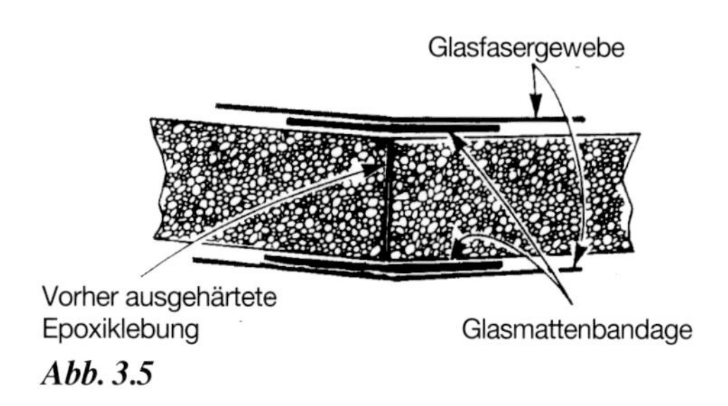

Abb. 3.5

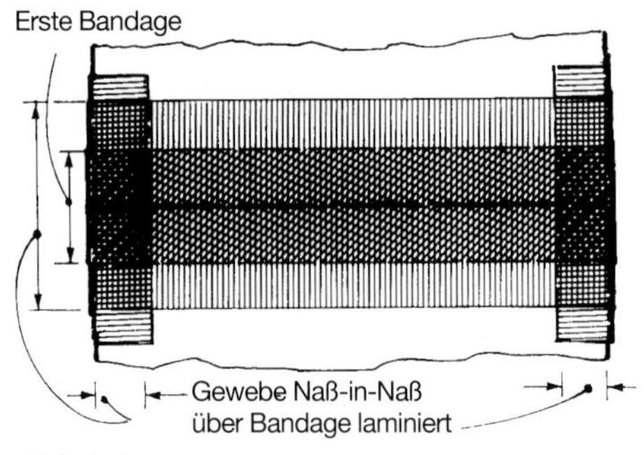

Abb. 3.6

che mit Gummibändern als auch bei Schraubbefestigung seitlich etwa 25 mm über die Rumpfauflage hinausreichen (Abb. 3.6). Die größte Festigkeit erzielt man, indem man die erste und alle nachfolgenden Matten- und Gewebelagen »naß in naß« aufeinander harzt.

Zuschneiden von GfK-Gewebe

Die Glasfaserstränge fransen beim Schneiden leicht aus, und die feinen Schnipsel gelangen überall hin; wischt man sie beiseite, fangen die Fingerkuppen zu jucken an. Niemals sollte man sie wegblasen, da man sie sonst einatmet oder in die Augen bekommt.

Streichen Sie als Hilfe zum genauen Zuschneiden und zu Ihrer Sicherheit einen schmalen Streifen Spannlack über die vorgesehene Schnittlinie (Abb.3.7). Nach dem Trocknen sind damit die Kanten stabilisiert und die einzelnen Faserstränge können sich nicht mehr verschieben. Klebeband schützt ebenfalls gegen Ausfransen während des Schneidens - kleben Sie es außerhalb der Schnittlinie auf.

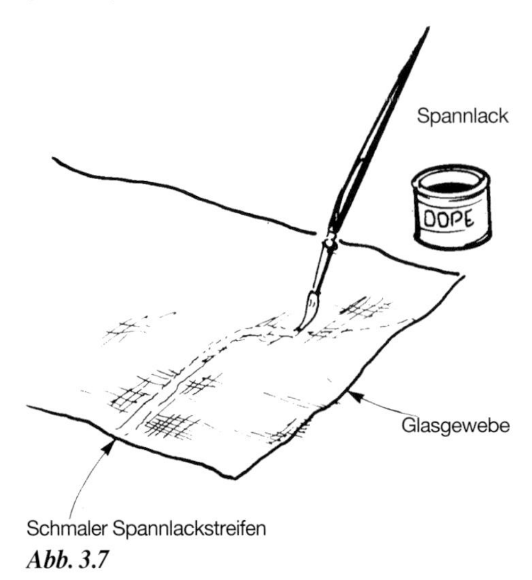

Abb. 3.7

Legen Sie zugeschnittene Stücke geordnet ab, so daß das richtige zur Hand ist, wenn es gebraucht wird. Vor allem leichtes Gewebe knüllt unter Garantie zusammen, wenn es erst einmal mit Harz getränkt ist und nochmals abgehoben werden muß, weil es nicht das richtige Stück war.

Warnung: Schützen Sie Ihre Hände mit einer Schutzcreme bevor Sie mit Harz und Härter hantieren– GfK-Händler können die für Ihren Zweck richtige Creme empfehlen und liefern. Ziehen Sie alternativ oder als zusätzlichen Schutz Polyäthylenhandschuhe an, wie sie in Apotheken und Drogerien erhältlich sind.

Manche Leute haben eine gegen Kunstharze sehr empfindliche Haut; sehen Sie sich also vor. Gelegentliche Spritzer auf die ungeschützte Haut sollten unverzüglich zuerst mit Nitroverdünnung und dann mit Seife und heißem Wasser abgewaschen werden. (Anm. d. Übers.: Nach heutigen Erkenntnissen ist diese Praxis nicht ganz unbedenklich; die Verdünnung vergrößert eher noch die Fähigkeit von Harz, Härter und Lösungsmitteln, in die Haut einzudringen. Zweckmässiger sind spezielle Reinigungsmittel, welche auf der trockenen Haut mit dem Harz verrieben werden, dieses aufnehmen und mit kaltem Wasser abwaschbar machen - zum Beispiel »Cupran« der Firma Stockhausen, Krefeld)

Anmischen

Kleinen Harzpackungen ist gewöhnlich eine Mischanweisung beigegeben, manche enthalten auch die entsprechenden Meß- und Mischbecher. Dickflüssige Harze und Härter werden nach der Länge der aus Tuben gedrückten Stränge abgemessen, dünnflüssige meist nach Gewicht in Wegwerfbechern aus Plastik oder Papier. Dünnflüssige Harze sind ideal für das Beschichten von Tragflächen und für andere leichte Laminate. Nach der Entnahme der benötigten Harzmenge werden die Mischbecher nicht wiederverwendet, da die angemischten Reste die Qualität der nächsten Harzmischung beeinträchtigen können. Außerdem kann das zusätzliche Gewicht die Berechnungen durcheinanderbringen.

Stellen Sie das Mischgefäß auf eine kleine Küchenwaage; solche mit großem Zeigerausschlag schon für kleine Gewichte eignen sich für unsere Zwecke wegen ihrer größeren Genauigkeit besonders gut. Tarieren Sie das Bechergewicht aus, indem Sie den Zeiger auf Null stellen. Gießen Sie das Harz hinein, und notieren Sie sich das Gewicht. Bei einem Mischungsverhältnis von 50:50 geben Sie nun solange Härter dazu, bis genau das doppelte Gewicht erreicht ist, bei anderen Proportionen errechnen Sie dazu das Gesamtgewicht entsprechend den prozentualen Anteilen. Gießen Sie immer den Härter zum Harz, nie umgekehrt!

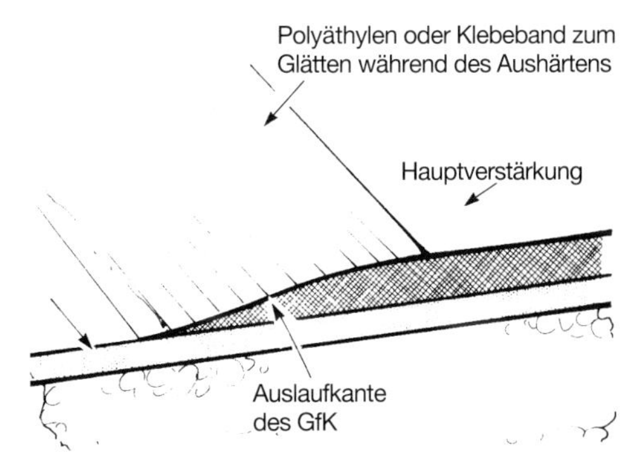

Abb. 3.8

Laminieren

Für einen Tragflügel mit 200 mm Wurzeltiefe sollte man nicht länger als vier Minuten brauchen, um das angemischte Epoxydharz in die Bandage einzuarbeiten. An heißen Tagen verkürzt sich aber die dazu zur Verfügung stehende Zeit, darum sollten Sie, wenn Sie sich für die Verwendung von 5-Minuten-Epoxi entscheiden, nicht mehr Harz ansetzen, als Sie sauber einarbeiten können, bevor es zu gelieren beginnt und gummiartig wird. (Anm. d. Übers.: Falls Sie es wirklich eilig und nur 5-Minuten-Epoxi zur Hand haben, sollten Sie diesen Kleber mit normalem Brennspiritus etwas verdünnen, um ihn besser verarbeiten zu können. Ansonsten ist er für diese Anwendung eigentlich nicht gedacht.)

Besser ist es, das Harz nur dünn aufzutragen, und das geht mit einem schon dünnflüssig gekauften Epoxydharz am einfachsten. Mehr Harz führt nur zu mehr Gewicht. Drücken Sie das Glasseidenband an die Beplankung an, falls in ihm Luftblasen sichtbar sind, und wenn diese damit nicht wegzubekommen sind, tupfen Sie mit einem steifen Pinsel noch ein wenig Harz in das Gewebe ein. Die Gewebestruktur muß deutlich sichtbar bleiben; eine glänzende Oberfläche ist ein Anzeichen für zu viel Harz. Die größte Festigkeit wird erzielt, wenn die Glasgewebelagen mit der geringstmöglichen Harzmenge verbunden sind. Denken Sie daran, die nächste Lage Glas jeweils auf die noch »nasse« vorhergehende aufzutragen.

Kleben Sie am Flügel als Begrenzung, und damit das Epoxydharz nicht zu breit aufgetragen wird, die Verstärkungsränder mit Kreppband ab. Laminieren Sie nun die breiteren Gewebelagen auf, und beseitigen Sie alle Luftblasen. In diesem Stadium ist nicht vordringlich eine saubere und glatte Oberfläche anzustreben, viel wichtiger ist es, eine gute Haftung des Gewebes zu erzielen. Wenn dies erreicht ist und danach die Oberfläche immer noch glänzend »naß« ist, streuen Sie Talkumpuder darüber, das erleichtert später das Glattschleifen. Klebeband flacht die Ränder der Verstärkung zur Beplankung hin ab (Abb. 3.8).

Versäubern

Wenn die gesamte Verstärkung voll ausgehärtet ist, kann sie mit Naß-Schleifpapier überschliffen werden, welches dazu auf einem großen Schleifbrett befestigt ist. Schleifen Sie aber nicht mehr als die groben Unebenheiten ab, und vermeiden Sie es, das Gewebe anzuschleifen. Schleifen Sie an den Rändern, dort wo das Klebeband ist, sehr vorsichtig, so daß das Furnier nicht beschädigt wird. Entfernen

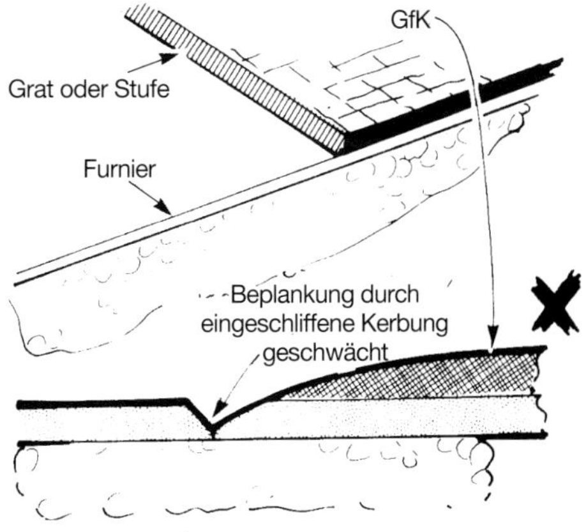

Abb. 3.9

Sie das Klebeband und beschleifen Sie die Ränder mit feinerem Schleifpapier, wobei Sie immer »bergauf« in Richtung Glasfaser, nie »bergab« in Richtung Furnier schleifen sollten. Der Querschnitt in Abbildung 3.9 zeigt die Folgen zu energischen Schleifens. Bedenken Sie, daß die Festigkeit von der Beplankung stammt, nicht vom Kern.

(Anm. d. Übers.: Wesentlich vereinfacht wird dieser ganze Arbeitsgang, wenn man schon beim Aufbringen der Verstärkung mit »Abreißgewebe« arbeitet; siehe dazu FMT 8/87,Seite 10.)

Balsatragflächen

Herkömmlich erstellte Rippenflügel können nach genau der gleichen Methode verstärkt werden, außer daß Polyester-anstelle von Epoxydharz verwendet werden kann, wenn es nicht so sehr auf hohe Festigkeit und geringes Gewicht ankommt. (Anm. d. Übers.: Bezüglich der Festigkeit siehe Bemerkung am Beginn des Kapitels 3!) Die Verarbeitungszeit kann in Abhängigkeit von der erforderlichen Härter- oder Katalysatormenge etwas länger werden. Befolgen Sie in jedem Fall die Herstellerangaben, denn Harze und Härter sind nicht beliebig kombinierbar, weil die einzelnen Marken unterschiedliche Bestandteile haben. Mischbehälter und alte Pinsel können mit Nitroverdünnung gesäubert werden, solange das Harz noch nicht ausgehärtet ist.

Tips

Während einige Sorten von 5-Minuten-Epoxi ziemlich dick sind und infolgedessen in kleinen Mengen auf einer flachen Unterlage angemischt werden können, sind andere, die für Laminieraufgaben gedacht sind, so dünnflüssig, daß sie in einem Papier-oder Plastikbecher angesetzt werden müssen.

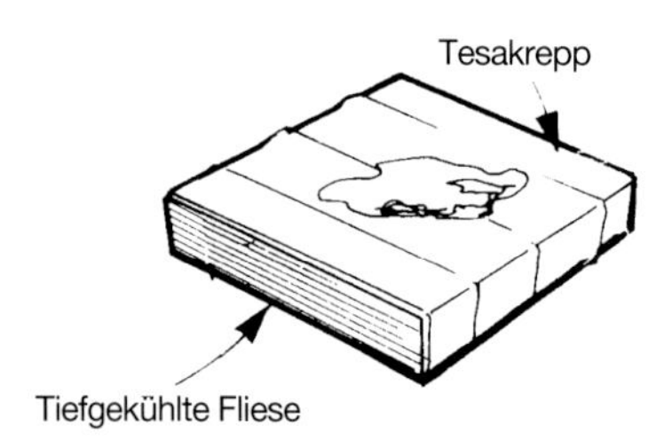

Abb. 3.10

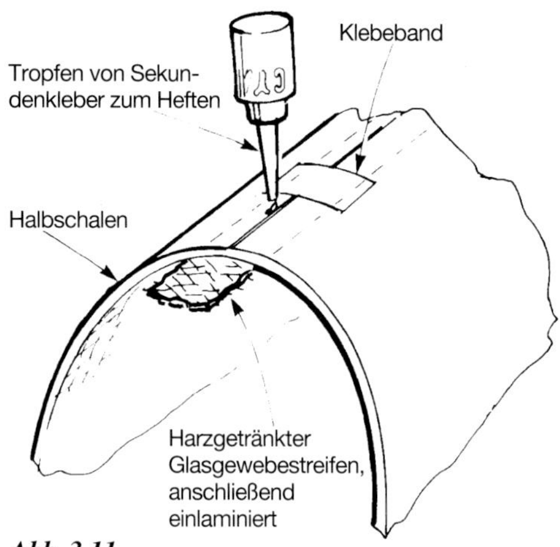

Abb. 3.11

5-Minuten-Epoxi kann auf einigen Streifen Klebeband angerührt werden, die auf ein kleines Holzbrett geklebt sind. Nach Gebrauch wirft man die Klebestreifen weg. Bei hohen Umgebungstemperaturen klebt man einige Streifen auf eine dicke Fliese oder einen Ziegel, und legt diese »Palette« eine Weile in das Tiefkühlfach, bevor man darauf das Harz anmischt. Dieser Kühlkörper bewirkt eine Verlängerung der Verarbeitungszeit für das schon angerührte Gemisch (Abb. 3.10).

In den Anfangsminuten kann sanfte Wärme von einem Haartrockner das Harz dünnflüssig machen und so das Durchtränken der Bandage erleichtern, aber zu langes Erwärmen beschleunigt auch die Aushärtung. Sie erinnern sich: Der Aushärtevorgang kann nicht angehalten und nicht umgekehrt werden.

Zusammenbau von GfK-Teilen

In einigen Baukästen ist der Rumpf in Form von zwei Halbschalen enthalten, oder die Leitwerksflächen müssen noch am Rumpf angebracht werden. In der Regel erfordert dies eine saubere und sichere Verbindung auf der Innenseite, was auf den ersten Blick schwierig erscheinen mag, denn wenige Rümpfe sind geräumig genug, um eine Hand mitsamt harzgetränktem Pinsel hineinzubekommen. Hinzu tritt die Schwierigkeit, das Gewebeband, welches die Naht verstärken soll, an die richtige Stelle zu bringen und dort anzureiben (Abb. 3.11).

Als Erstes und Wichtigstes müssen Sie anhand der Beschreibung oder Daten feststellen, ob die

Halbschalen etwa mit Polyesterharz gefertigt sind. Ist dies der Fall, dann müssen Sie auch zum Verkleben Polyesterharz verwenden, da sich Epoxydharz damit nicht vertragen würde.

Die gebräuchlichste Methode, das Verstärkungsband einzulegen, ist in Abbildung 3.12 dargestellt. Biegen Sie sich einen Griff aus dickem Draht, für kleinere Modelle genügt die Stärke eines Draht-Kleiderbügels. Er muß lang genug sein, um von der Tragflächenauflage bis in das Rumpfende zu reichen. Ein Ende des Drahtes wird im rechten Winkel umgebogen und mit einem durchbohrten Stück eines 6 mm dicken Dübels versehen, das so lang sein muß, wie das Gewebeband breit ist. Schieben Sie zu beiden Seiten des Dübels ein kleines Stück Kraftstoffschlauch so auf den Draht, daß sich die Rolle noch frei drehen kann.

Heften Sie die Rumpfschalen mit Klebestreifen genau passend zusammen, und reiben sie diese gut an, so daß später kein Harz daruntersickern kann. Anschließend verreiben Sie außen entlang der Naht etwas Wachspolitur als Trennmittel, wodurch verhindert wird, daß später aus der Naht quellende, einzelne Harztropfen die Oberfläche verschmieren. Wachsen Sie die Schalen aber nicht vorher, sonst halten die Klebestreifen nicht mehr. Erst wenn dies alles zur Zufriedenheit erledigt ist, wird der Laminatstreifen vorbereitet. Schneiden Sie je einen Streifen für die obere und für die untere Naht zu. Legen Sie den unteren Streifen aus und tränken Sie ihn mit

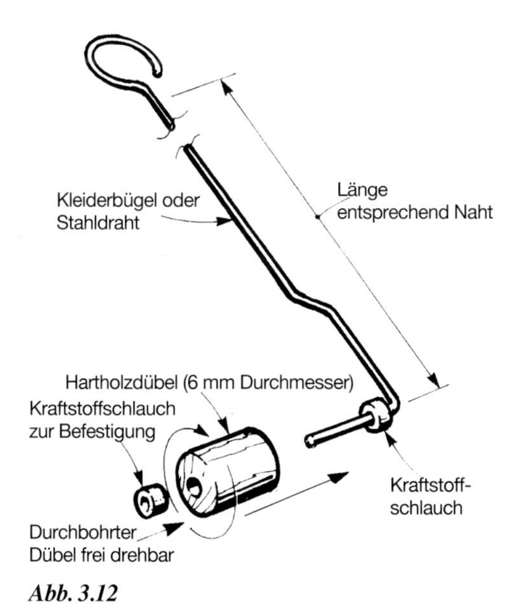

Abb. 3.12

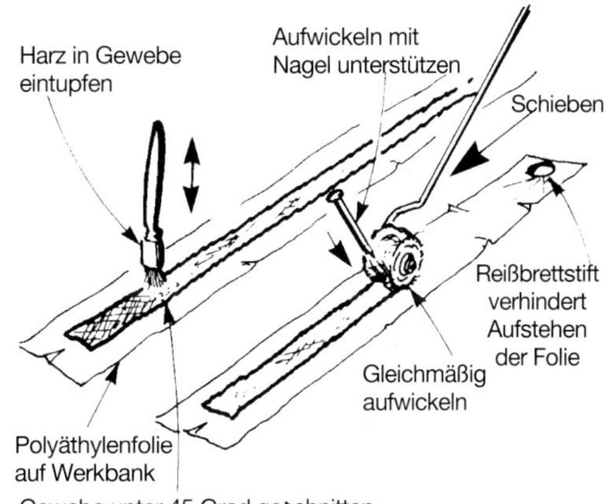

Abb. 3.13

dem angemischten Harz. Nehmen Sie ein Streifenende, und legen Sie es so auf die Dübelrolle, daß die »Welle« frei von losen Faserenden bleibt. Wickeln Sie nun das Verstärkungsband dicht und gleichmäßig auf, indem Sie die Rolle mit einem Drahtstück oder einem Nagel weiterdrehen, wie in Abbildung 3.13 dargestellt. Bringen Sie jetzt den Drahtgriff mit dem aufgewickelten Band so in den Rumpf, daß das freie Ende des Bandes flach über der Naht liegt. Dort wird es mit einem Abfallstück Holz festgelegt, oder mit einer Wäscheklammer an einem passenden Vorsprung befestigt. Schieben Sie dann die Walze gleichmäßig - unter leichtem Vor-und Zurückbewegen, damit sich das Band anschmiegt und nicht wieder hochgezogen wird - im Rumpf der Naht folgend nach hinten. Wenn Sie das Rumpfende erreicht haben, verkeilen Sie den Stiel, damit er sich nicht mehr bewegen kann, bis das Harz wenigstens »schneidfähig« ausgehärtet ist. Jetzt fischen Sie im Innern nach hinten, lösen den noch verbliebenen Rest des Bandes von der Rolle, soweit es sich nicht schon von selbst gelöst hat, und schneiden die Überlänge ab.

Reinigen Sie den Bandroller, einschließlich der Bohrung in der Walze falls nötig, und wiederholen Sie die Prozedur für die andere Naht. Dazu wird diesmal der Rumpf umgedreht und um 45 Grad geneigt unterstützt, damit das Laminierband auf der Naht liegt. Eine Wäscheklammer hält es an der Flächenauflage fest.

Seitenleitwerkshälften ausreichender Größe können nach dem gleichen Verfahren miteinander verklebt werden, oder mittels einer Holzleiste, auf die das Verstärkungsband gelegt wird, nachdem sie mit einem Stück Haushalts-Klarsichtfolie als Trenn-

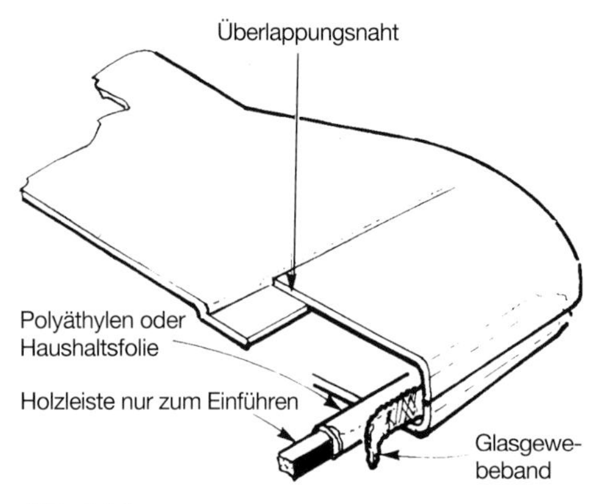

Abb. 3.14

schicht umwickelt wurde. Die Verbindung zwischen Seitenleitwerk und Rumpf ist in der Regel einfach eine Überlappung, so daß eine Harzklebung ohne weitere Verstärkung ausreicht (Abb. 3.14).

Entfernen Sie die Harztropfen von der Außenseite, und schleifen Sie die Nahtstelle mit feinem Schleifpapier naß nach. Die weitere Oberflächenbehandlung geschieht während der Vorbereitung des Anstriches. Dabei werden Fehlstellen mit der entsprechenden Spachtelmasse aufgefüllt, bei Polyesterrümpfen also mit Polyesterspachtel. Das vorhergehende Naßschleifen dient dazu, Trennmittelreste zu entfernen und eine gute Haftung sicherzustellen.

Es sei nochmals daran erinnert, daß sich Polyester- und Epoxydharz nicht miteinander vertragen, weshalb Sperrholzspanten, Motorträger und ähnliches in Polyesterrümpfen auch mit Polyesterharz eingeklebt werden müssen. Genauso muß dann, wenn bei einem aus Balsaholz gebauten Modell die Verstärkung des Rumpfvorderteils mit Polyesterharz aufgebracht wurde, auch die Verklebung von Motorträgern und Befestigungsblöcken, sowie der Schutzanstrich gegen das Eindringen von Kraftstoff, mit Polyesterharz vorgenommen werden. Sollen diese Teile dagegen mit Epoxydharz verklebt werden, dann ist auch die Verstärkung mit diesem Harz auszuführen.

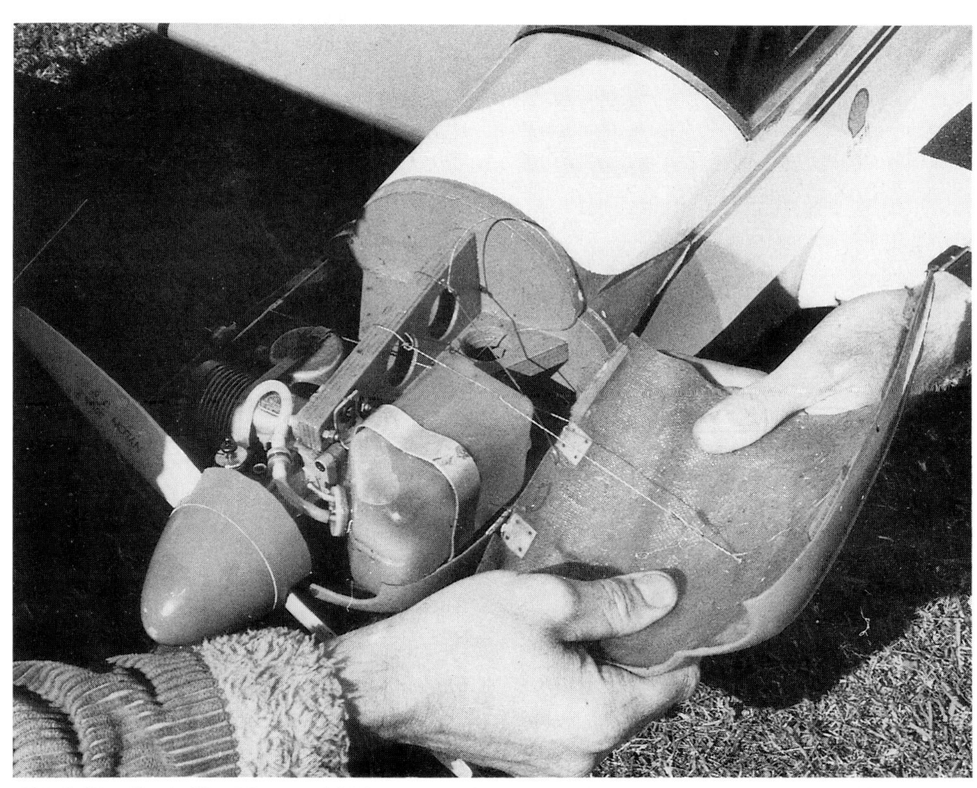

***Abb. 3.15** Zweiteilige Motorverkleidung aus GfK. Wegen des Tragschaleneffektes des GfK kann man auf eine Aussteifung des Innenraums verzichten, was der Zugänglichkeit zugute kommt.*

Kapitel 4
Formenbau

Formteile können in Glasfasertechnik auf zweierlei Art hergestellt werden: Durch Laminieren, also eine Fortführung des für Tragflächenverstärkungen beschriebenen Verfahrens, und durch Formgießen, wobei ein Gemenge aus Harz und kurzgeschnittenen Glasfasern in eine Form gegossen wird. Das letztgenannte Verfahren liefert für unsere Zwecke unnötig schwere Bauteile, auch ist der Formenbau dafür schwierig. GfK-Teile für ferngesteuerte Flugmodelle werden überwiegend nach dem jetzt zu beschreibenden Auflege- oder Laminierverfahren gefertigt. Es ist durchaus möglich, zum Beispiel Motorhauben nach einer Methode herzustellen, die derjenigen ähnelt, welche für Flügelverbindungen angewandt wird. Dabei erfordert aber das Glätten der Außenseite wahrscheinlich mehr Zeit, als für das Anfertigen der Negativ-Laminierform aufzuwenden wäre. Trotzdem soll auch dieses Verfahren später beschrieben werden– für »einmalige« Teile. Was uns betrifft, so wollen wir eine Form bauen, die genau die richtigen Konturen hat, und dabei nicht nur an den richtigen Stellen glatt ist, sondern auch Details wie Beplankungsstöße und Nietköpfe wiedergibt, das Ganze in dauerhaftem Material und reproduzierbar, wenn ein zweites Modell gebaut werden soll.

Das Laminat kann dort dicker und stärker ausgeführt werden, wo besondere Beanspruchungen auftreten, bei einem Rumpf also am Vorderteil und an den Flächenbefestigungspunkten; er kann Versteifungsrippen im Inneren bekommen, und kann zum Rumpfende schwächer gehalten werden. Sphärische, doppelt gekrümmte Flächen erhöhen die Steifigkeit des Werkstückes und sind dabei nicht schwieriger herzustellen, als eine geradlinige Verjüngung.

Im Grundsatz funktioniert die in Abbildung 4.1 dargestellte Methode folgendermaßen: Von dem benötigten Teil wird ein seiner Außenform entsprechender Formklotz angefertigt, das sogenannte Urmuster. Falls der Rumpf eines vorhandenen Modells die richtige Form hat, oder eine passende Verkleidung, dann können diese unter Umständen als Formkörper dienen. Andernfalls kann er aus Styropor angefertigt werden, das mit Papier bespannt oder auch mit Balsa beplankt wird, sowie über Spanten in der traditionellen Balsaholzbauweise. Das Urmuster muß nicht besonders stabil sein, da es von der Form gestützt wird, aber es muß eine makellose Oberfläche erhalten. Um diesen Positiv-Formkörper wird nun eine Negativ-Form aufgebaut, entweder als Gipsabguß, oder– haltbarer– gleich aus glasfaserverstärktem Kunstharz. Ein vorher auf den Positivkern aufgetragenes Trennmittel (PVA) erlaubt es, diesen wieder aus der Form zu entnehmen, worauf diese, nach einer Säuberung, bereit ist, ihre Innenkontur auf ein Formteil zu übertragen. Die Einzelheiten zur Anfertigung einer GfK-Negativform folgen später.

Nun wird wieder Trennmittel aufgetragen, diesmal im Inneren der Form. Nachdem es trocken ist, wird ein dünnflüssiges Gemisch aus Polyesterharz, Füllstoff, Farbpaste und schließlich Härter (Katalysator) angerührt und in die Form eingestrichen. Diese auch als Deckschicht, Oberflächenschicht oder »Gelcoat« bezeichnete erste Schicht ergibt die sichtbare Oberfläche des Formteils. (Beachten Sie, daß der Härteranteil sich nach dem Harz allein richtet, nicht nach dem Gemisch aus Harz, Füllstoff und Farbtöner. Allerdings haben einzelne Packungen den Füllstoff bereits im Harz integriert. Beachten Sie also die beigelegte Gebrauchsanweisung des Herstellers.) Noch bevor diese Oberflächenschicht ausgehärtet ist, aber auch erst, wenn sie nicht mehr zu dünnflüssig ist, um noch beschädigt zu werden,

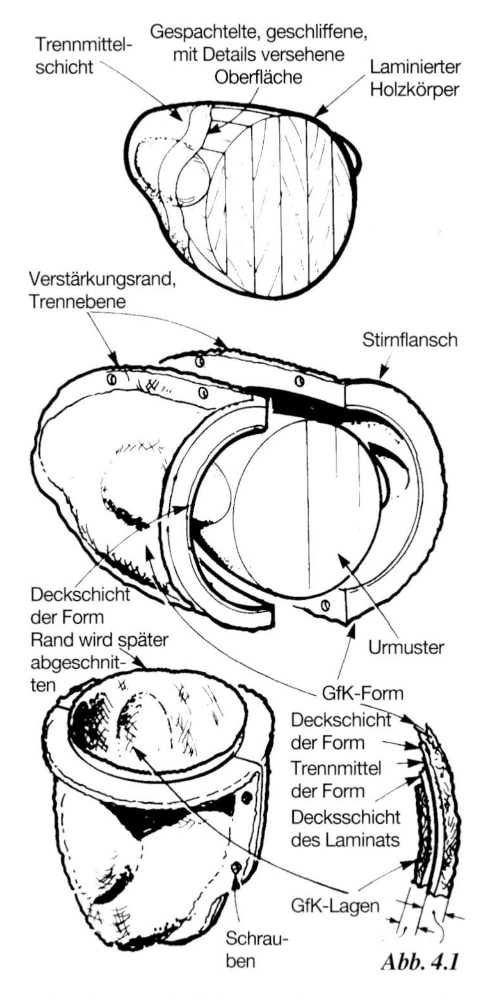

Abb. 4.1

wird eine neue Schicht angemischten Harzes eingestrichen. Unmittelbar darauf folgen Glasfasermatte oder Gewebe, Lage auf Lage, bis die nötige Schichtdicke erreicht ist. Danach läßt man das Laminat aushärten. Anschließend wird es vorsichtig ent-

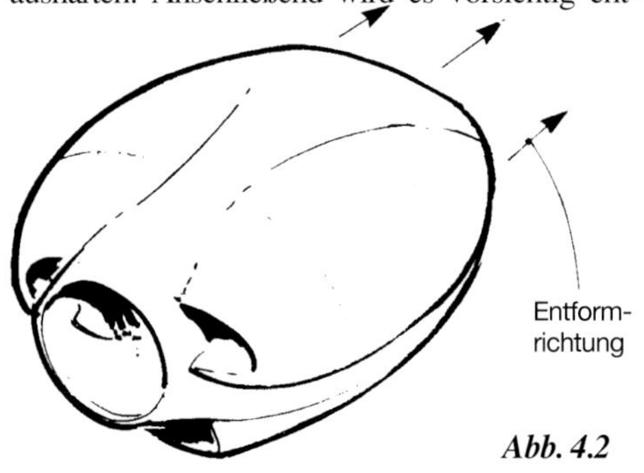

Abb. 4.2

formt, an den Rändern besäumt und zu den anderen Teilen gelegt oder an das Modell angebaut.

Da der Erfolg der nächsten Baustufe jeweils von der Qualität der vorhergehenden abhängt, sollen nachfolgend alle Schritte im Einzelnen beschrieben werden. Fehler werden von Stufe zu Stufe übertragen oder verstärkt, und die Ursache für ein schlechtpassendes Teil kann bis zum Positiv-Urmuster zurückverfolgt werden. Mit diesem wollen wir darum beginnen.

Herstellung des Urmuster

Eine Motorverkleidung ist ein guter Anfang. Stellen Sie sich vor, sie hätte eine bestimmte Tiefe und außerdem »Apfelbäckchen« für einen Boxermotor. Sie haben sich für eine einteilige Verkleidung entschieden, also wird sie keine Trennfuge haben. Später wird sie für den Zugang zum Modellmotor entsprechend ausgeschnitten werden. Die Haube wird also eine Form bekommen, wie die in Abbildung 4.2 gezeigte.

Dem Entformen gilt die erste Überlegung. Wird das fertige Teil aus der Form herauszunehmen sein? Noch besser: Wird die Form überhaupt vom Urmuster getrennt werden können? Überprüfen Sie anhand der Zeichnung, ob ein Freiwinkel vorhanden ist; die Abbildung 4.3 gibt an, worauf zu achten ist. Nun könnte man ja annehmen, daß, da GfK ziemlich elastisch ist, die fertige Verkleidung schon herauszukriegen sein müßte. Nur: Wie bekommt man vorher das Urmuster aus der Form?

Auf diese Frage gibt es zwar auch eine Antwort, aber die bezieht sich mehr auf kleinere Teile und auf eine andere Methode, welche viel weiter unten zu beschreiben sein wird. Also, wenn Sie die obigen Fragen nicht positiv beantworten können: nochmal auf's Zeichenbrett damit.

Ist eine leicht abgeänderte Form vertretbar? Vielleicht handelt es sich um ein originalgetreues Modell. Muß die Motorhaube wirklich in einem Stück geformt werden, kann nicht eventuell die Frontpartie getrennt angefertigt werden, oder ist eine Teilung in Längsrichtung möglich, wie man es beim Unterdruckziehen machen würde (Abb. 4.4)?

Sehen Sie also vor, das Urmuster mit Zäunen zu versehen, so daß die Form in mehreren Segmenten abgenommen werden kann. Das erleichtert nicht nur das Entformen des Urmusters, sondern auch das Heraustrennen des fertigen Formstückes, und außerdem kann nun, da die Form zusammengeschraubt oder geklammert ist,das Teil doch noch in einem Stück hergestellt werden und braucht nicht nachträglich zusammengefügt zu werden, denn beim Auseinandernehmen der Formschalen wird es ja frei. Die Abbildung 4.5 zeigt, wie eine geteilte Form über dem Urmuster entsteht.

Es gilt aber noch einige andere Dinge zu bedenken: Details an Stellen, an denen die Form nur kleine Freiwinkel zum Entformen aufweist, müssen auf ein Minimum beschränkt bleiben, sonst verriegeln sie das Urmuster beim Abformen in seiner Negativform - siehe Abbildung 4.6. Bei dem einteiligen Formteil werden wahrscheinlich die Trennfugen der Form als Grate zu sehen sein. Diese können zwar nachträglich geglättet werden, aber andere erhabene Details in ihrer Umgebung werden dann beim Nachschleifen ebenfalls eingeebnet. In ähnlicher Weise werden Beplankungsstöße oder Verkleidungspanele, deren Begrenzungslinien die Trennfuge schneiden, durch diese unterbrochen. Die Formenteile müssen also sehr sorgfältig ausgerichtet werden, um ein Verspringen dieser Linien zu vermeiden (Abb. 4.7).

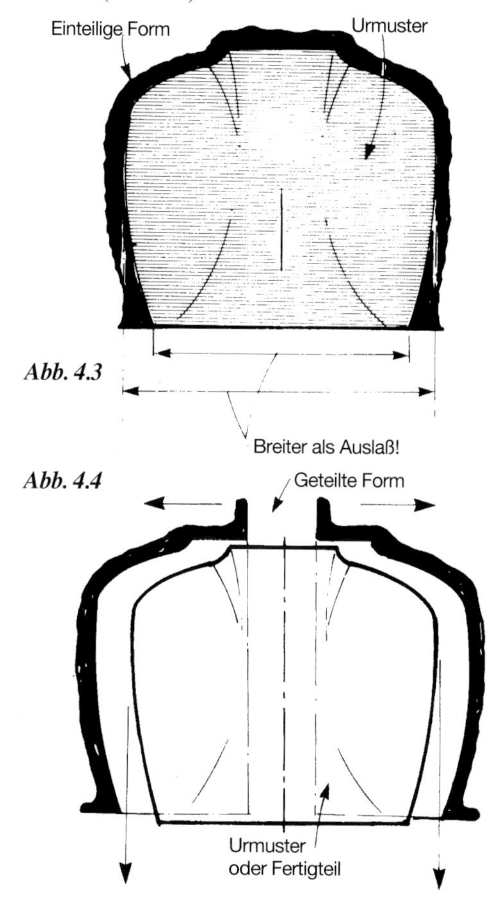

Abb. 4.3

Abb. 4.4

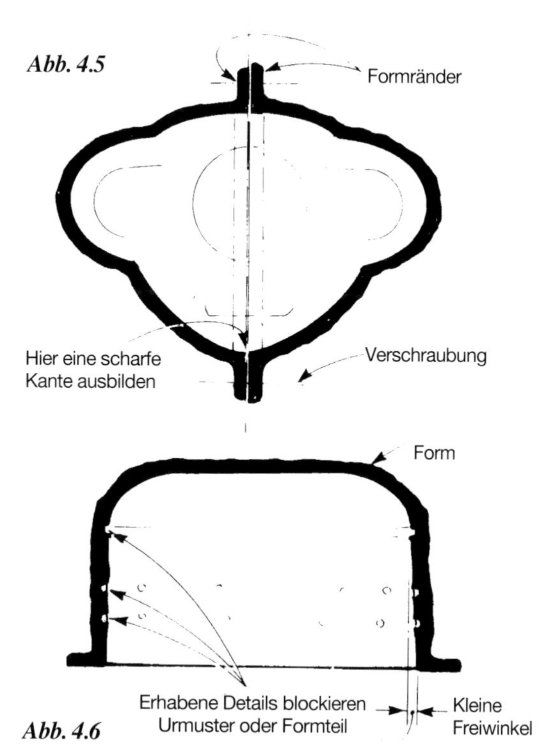

Abb. 4.5

Abb. 4.6

Geteilte Urmodelle

Wir bleiben bei unserer Motorverkleidung und sehen uns im folgenden an, wie die genaue Passung einer zweiteiligen Form schon bei der Herstellung des Urmusters sichergestellt werden kann.

Nehmen wir an, es sei ein zweiteiliger Stempel als Urmuster für eine Tiefziehform anzufertigen, welche senkrecht mittig geteilt sein soll. Obwohl dieses Urmuster aus Symmetriegründen im Ganzen bearbeitet wird, kann es doch in einzeln zu verwendende Hälften geteilt werden. Von der Art und Weise, in der dies geschieht, hängt es ab, wie einfach später die Formenteile auszurichten sein werden.

Das Urmuster kann aus beliebig vielen Schichten bestehen, aber die ersten Schichten beiderseits der Trennebene werden wie in Abbildung 4.8 gezeigt vorbereitet.

Sie werden sich erinnern, daß Ziehstempel eine größere Tiefe aufweisen müssen als das eigentliche Formteil, damit der Übergangsradius zum Abfallstück außerhalb des Formteiles zu liegen kommt. Wollte man diese Beilage gleich beim Herausarbeiten des Urmusters mit berücksichtigen, so wäre das bei der Formgebung hinderlich, weil kein definierter Übergang zwischen Urmuster und der zwischen ihm und dem Tiefziehkasten eingefügten Abstands-

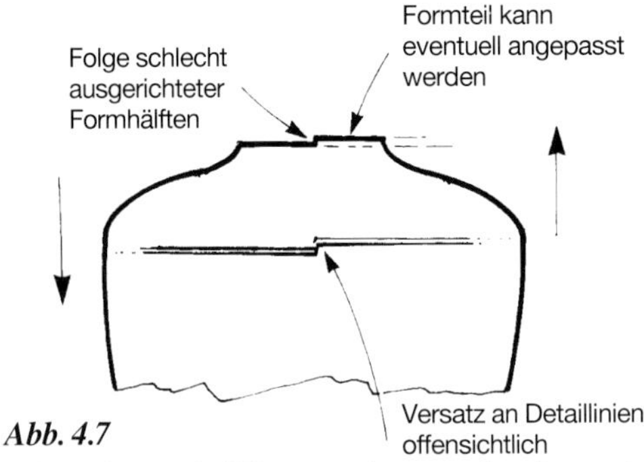

Abb. 4.7

beilage bestünde. Wie zu ersehen, werden die zwei Formteilhälften jeweils einschließlich der Beilagendicke von der entsprechenden Urmusterhälfte abgeformt. Hierbei eröffnet sich die Möglichkeit, vom gleichen (Tiefzieh-)Urmuster auch eine GfK-Form abzunehmen, vorausgesetzt es macht Ihnen nichts aus, daß diese GfK-Form um die Schichtdikke der vorgesehenen Kunststoffolie kleiner sein würde.

Die Teilung des Urmusters kann für diese Zwekke also auf zweierlei Art vorbereitet werden. Für das Unterdruck-Tiefziehverfahren werden entsprechend der Abbildung 4.9 Balsa-oder Kiefernholzschichten zusammengefügt, dabei die beiden Mittellagen

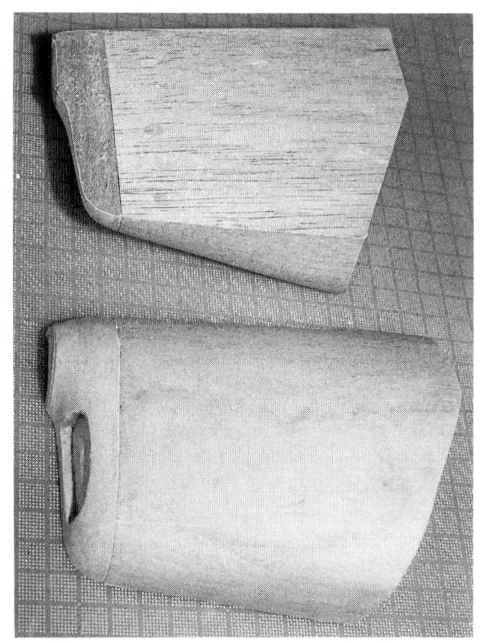

Abb. 4.10 Ein geteiltes Urmuster, hier für eine Motorverkleidung, erfordert an der Trennebene bei beiden Hälften vorübergehend eine Auffütterung.

so, daß eine Sperrholzplatte zwischen ihnen zu liegen kommt. Diese Platte hat die Dicke der Beilage für eine Hälfte. Durchbohren Sie alle drei Schichten auf einmal, und stecken Sie Dübel durch die Bohrungen, um die Schichten in ihrer Lage zueinander zu fixieren. Sägen Sie jetzt dieses Schichtpaket - dem Längsschnitt entsprechend - auf ungefähre Kontur und nehmen Sie dann die Sperrholzbeilage aus dem Paket. Als nächstes werden die Hälften auf ihren Dübeln ohne Leimbeigabe zusammengesteckt, worauf endlich die noch zur richtigen Dicke fehlenden Schichtbretter aufgeleimt werden können (siehe Abb. 4.11). Zum Abschluß wird der Formkörper

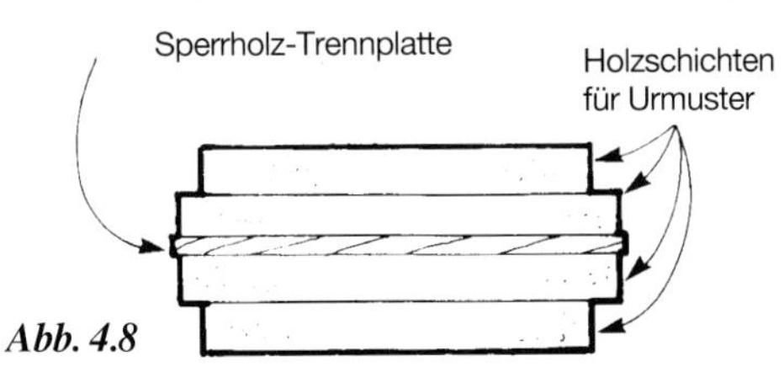

Abb. 4.8

zurechtgeschnitzt, geschliffen, gespachtelt und poliert. (Anm. d. Übers.: Auch die Beilage muß zwischen den beiden Positivhälften auf die genaue Längsschnitt-Kontur gebracht werden, sonst erfüllt sie später ihren Zweck nicht!)

Das Urmuster läßt sich nun teilen, und die Sperrholzbeilage paßt unter jede der beiden Musterhälften (Abb. 4.12). Die Unterlage nimmt unter beiden Hälften die richtige Lage ein, und die gefertigten Formteile werden genau zueinander passen, nach-

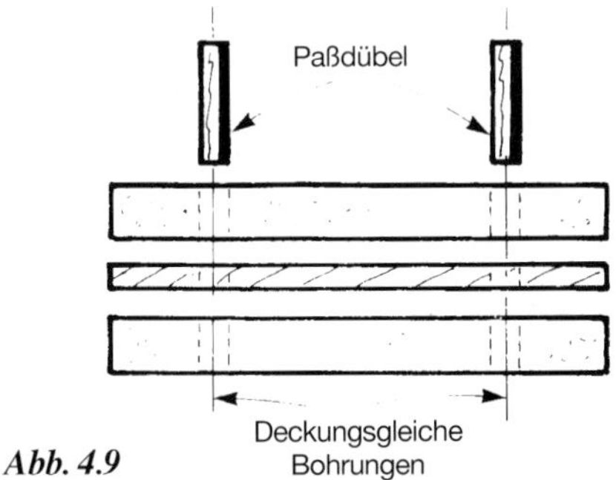

Abb. 4.9

dem sie entsprechend der Trennlinie zwischen Ur muster und Unterlage zugeschliffen worden sind.

Eine zum Entformen teilbare GfK-Form wird folgendermaßen gebaut: Als erstes wird die Sperrholzbeilage durch eine breitere Platte ersetzt, die bereits mit Porenfüller behandelt und geschliffen ist, und welche Bohrungen an den gleichen Stellen erhalten hat, wie die Zwischenlage für den Unterdruck-Ziehstempel. Die Dübel beider Urmusterhälf-

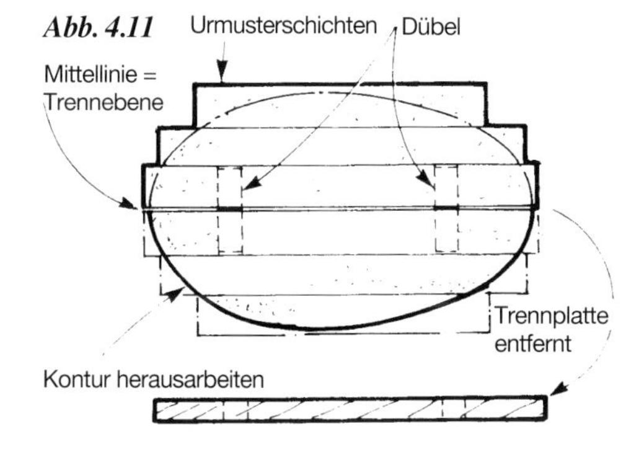

Abb. 4.11

ten sollten nun in die Bohrungen dieser Sperrholzplatte passen (Abb. 4.13). Behandeln Sie Urmuster und Sperrholzplatte mit einem Trennmittel; danach laminieren Sie die Negativform über den Kern. Nach dem Aushärten und noch ehe Sie das Urmodell aus der Form nehmen, bohren Sie Löcher durch Sperrholzplatte und Formenrand; anschließend wird die Zwischenplatte entfernt. Nun wird die Trennebene der beiden Urmusterhälften eingewachst, damit beim Laminieren eventuell dazwischenlaufendes Harz diese nicht verklebt. Jetzt kommt die zweite Hälfte des Urmodells mit Hilfe der Paßdübel darauf, die Bohrungen werden mit Plastilin abgedichtet und auf den Formenrand sowie auf das Urmuster Trennmittel auftragen. Nach dem Laminieren und Aushärten der zweiten Hälfte versieht man auch den zweiten Formenrand durch die mit Plastilin versiegelten Löcher der ersten Formenhälfte hindurch mit Bohrungen. Die einzelnen Arbeitsschritte sind aus Abbildung 4.14 klar ersichtlich.

Wenn die Formschalen jetzt getrennt werden, sollten sie vermittels der Schrauben wieder genau passend zusammengefügt werden können. Dieses genaue Passen wird durch die Schrauben bewirkt, nicht durch irgendwelche Paßkegel. Verwenden Sie darum möglichst genau passende Schrauben. Zusätzlich können aber auch noch Paßkegel in den

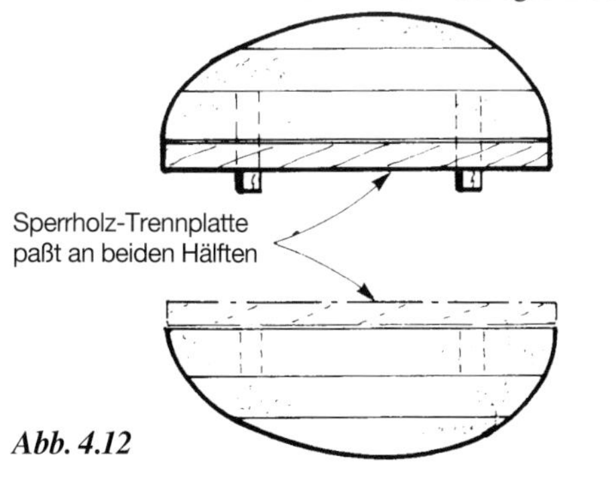

Abb. 4.12

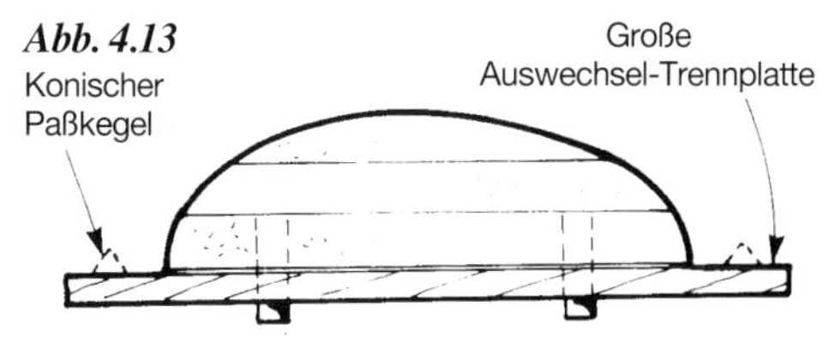

Abb. 4.13

Rand der ersten Formhälfte einlaminiert werden (Abb. 4.13). (Anm. d. Übers.: Allemal besser als die genaueste Schraube in einem womöglich auch noch freihändig gebohrten Loch sind die speziell für den Formenbau erfundenen Rillendübel und Paßhülsen, die Kunstharzlieferanten im Sortiment führen. Normale Schrauben und Muttern sollte man wirklich nur noch dazu verwenden, die Form zusammenzuhalten.)

Geteilte Negativform bei einteiligem Urmuster

Man kann ein Urmodell auch so anfertigen, daß ein Schlitz entlang der Mittellinie dergestalt einge-

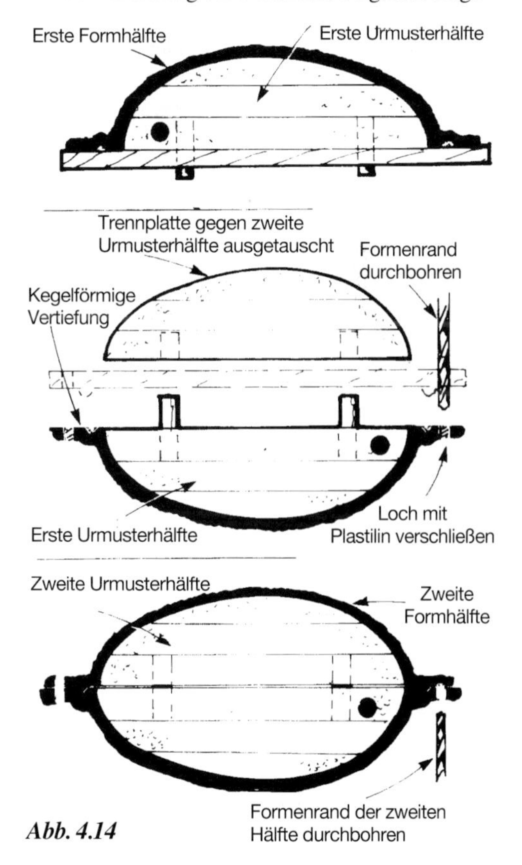

Abb. 4.14

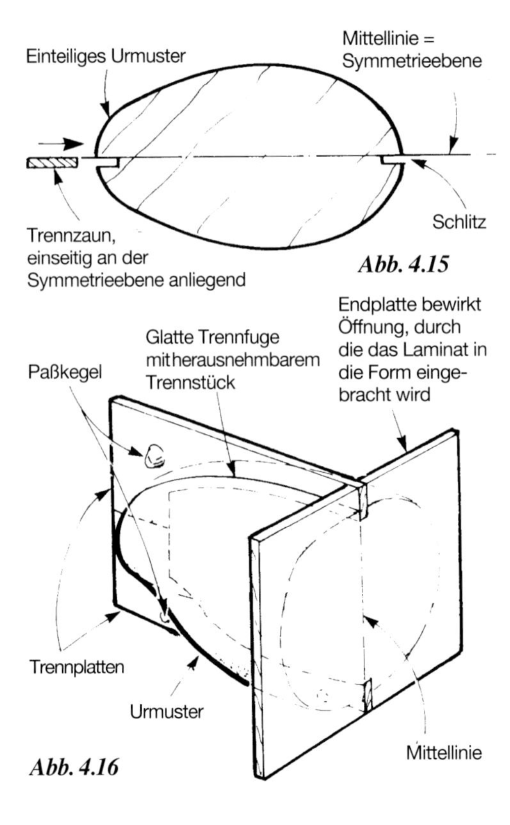

Abb. 4.15

Abb. 4.16

arbeitet wird, daß seine eine Seite in der Trennebene selbst liegt. Das klingt kompliziert (Anm. d. Übers.: nicht komplizierter als es auch tatsächlich ist), aber betrachten Sie bitte Abbildung 4.15. Nehmen wir an, das Urmodell bestehe aus Vollbalsa oder sei aus mehreren Schichten laminiert; außerdem sei es gespachtelt und fehlerfrei geschliffen worden, da sich sonst die Holzmaserung auf dem anzufertigenden Teil abzeichnen würde (wie schon beim Warmziehverfahren beschrieben). Des Weiteren seien bereits die Details durch Einritzen oder durch aufgeklebte Papierteile hinzugefügt und versenkte Schrauben durch eine mit einem Messingrohr eingedrückte ringförmige Vertiefung imitiert worden; Nieten seien durch Stecknadelköpfe dargestellt oder mit Weißleimtropfen simuliert worden und so weiter. Alle diese Details seien gut fixiert und mit Lack überzogen, so daß sich nichts lösen kann, wenn die Form um das Urmuster herum aufgebaut wird.

Der oben erwähnte Sägeschnitt wird nun hier und da auch durch Details schneiden, die auf oder nahe der Mittellinie liegen. In diesen Einschnitt, der etwa 5 bis 6 mm tief sein sollte, wird ein dünnes Stück Sperrholz oder Aluminiumblech eingeschoben, das mit der in der Trennebene liegenden Seite die beiden Formenhälften voneinander abgrenzt.

Dieser »Trennschieber« muß zweiteilig ausgeführt werden, so daß er angepaßt und wieder herausgenommen werden kann. Stecken Sie ihn in den Schlitz und versiegeln Sie die Berührungskante mit weichem Kitt, der wieder entfernt werden kann. Auch Seifenspäne oder Plastilin können dazu verwendet werden. Der Zweck ist dabei zum einen eine saubere, scharfe Kante in der zukünftigen Form zu bekommen, zum anderen aber auch, das Harz am Eindringen in den Spalt und am Verkleben der Trennplatte zu hindern. Anschließend sollte das so vorbereitete Urmodell wie in Abbildung 4.16 aussehen.

Beachten Sie die zwei annähernd kegelförmigen Holz- oder Plastilinhöcker, die später beim Abformen entsprechende Vertiefungen im Formenrand ergeben werden, sowie die am Urmuster befestigte Abschlußplatte, welche erforderlich ist, um hier eine Öffnung in der Form zu erhalten. Durch diese Öffnung wird später das Laminat eingelegt.

(Anm. d. Übers.: Den Schlitz in ein ansonsten bereits fertiges Urmodell genau und ohne zusätzliche Beschädigungen einzusägen, dürfte ein Kunststück werden. Wenn schon Schlitz, dann leimt man bereits beim Aufbau des Urmusters - aus mehrere Schichten, wie gehabt - eine um die Schlitztiefe rundum kleinere Sperrholzplatte dazwischen. Bei geschickter Ausführung - feine Laubsäge - fällt dabei ein genauestens passender »Trennschieber« sozusagen automatisch mit ab. Aber es geht noch viel einfacher und ganz ohne Schlitz, der durch Details schneidet, die man vorher mühsam aufgeklebt hat und nachher, nämlich für die zweite Formenhälfte, noch mühsamer wieder restaurieren muß: Man umgibt das entsprechend unterbaute und in seiner Lage fixierte Urmodell in der Trennebene einfach mit einem ungefähr passenden »Kragen», der mit in den Spalt eingedrücktem Plastilin oder Spachtelkitt zum Urmodell abgedichtet wird. Nachdem diese Dichtmasse mit einem Stechbeitel, einer Ziehklinge oder ähnlichem Gerät scharfkantig zum Urmodell und zur Abschlußplatte abgezogen ist, erfolgen die weiteren Arbeitsgänge zum Aufbau der ersten Formhälfte wie beschrieben. Dieser Kragen hat gegenüber dem Schlitz-Trennschieber einen weiteren gewichtigen Vorteil: Beim Abnehmen wird der Sitz des Urmodells nicht gestört, was Voraussetzung für eine wirklich paßgenaue zweite Hälfte ist.)

Eine Form aus Glasfaserlaminat

Stellen Sie das wie beschrieben vorbereitete Urmodell so auf, daß die Trennebene waagrecht liegt, und die abzuformende Hälfte nach oben weist. Behandeln Sie nun die ganze obere Hälfte einschließlich Trenn- und Abschlußplatte mit Trennmittel. Während dieses trocknet, schneiden Sie aus Glasfasermatte einige Streifen zurecht, welche lang genug sind, um das Urmodell zu bedecken und einen 10 bis 15 mm breiten Rand zu bilden. (Anm. d.Übers.: Streifen aus Glasmatte lassen sich besser und ohne Stufen auflegen, wenn sie nicht geschnitten, sondern vorsichtig gerissen werden. Stellvertretend kann man geschnittene Streifen an den Kanten auszupfen.) Anstelle von Glasmatte kann auch Gewebe verwendet werden, das teurer, wenn auch leichter ist. Allerdings kommt es bei der Form auf Gewichtersparnis nicht an.

Mischen Sie Deckschichtharz mit der nötigen Härtermenge und mit Füllstoff an, der zur Abriebfestigkeit der Form beim Polieren beiträgt, aber insgesamt nicht mehr fertiges Gemisch als nötig, um die Details und die gesamte Oberfläche mit einer dünnen, geschlossenen Schicht zu bedecken. Diese Oberflächenschicht verhindert, daß die Struktur des Gewebes oder der Matte an der Formoberfläche als Rauhigkeit hervortritt.

Auch kleine Blasen im Harz würden sich als Krater abzeichnen. Tragen Sie daher das Deckschichtharz mit einem Pinsel oder Schwamm so auf, daß Blasenbildung vermieden wird, besonders beim Füllen der Ecken (Wegwerfpinsel sind hier vorzuziehen, denn meist vergißt man das rechtzeitige Reinigen, vor allem bei schnell härtendem Harz). Vermeiden Sie auch Pfützenbildung, und rühren Sie wenn möglich schon beim Anmischen Thixotropierpulver mit ein, welches verhindert, daß das Harz von senkrechten oder geneigten Stellen der Form abläuft. Verwenden Sie aber nicht zu viel davon, da es das Harz andickt und somit schlechter verstreichbar macht.

Achten Sie darauf, daß die vorbereiteten Mattenstücke oder Gewebestreifen in der richtigen Reihenfolge liegen. Am besten legen Sie sie gleich entsprechend der zukünftigen Form aus; die mittleren Streifen werden zuerst gebraucht. Erst nachdem Sie das erste Mattenstück aufgelegt und getränkt haben, werden Sie abschätzen können, wieviel Harz pro Quadratdezimeter benötigt wird. Die Matten haben unterschiedliches Gewicht, sind unterschiedlich dicht, und auch die unterschiedliche Fertigkeit des

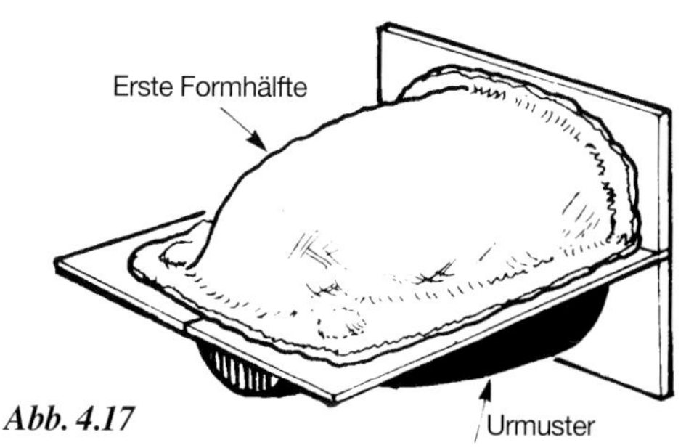

Abb. 4.17

Einzelnen trägt dazu bei, daß die Herstellerangaben zum Harzbedarf nicht immer erreicht werden. Dieses erste Mattenstück saugt wahrscheinlich mehr als das Doppelte der Harzmenge auf, die für ein gleichgroßes Gewebestück erforderlich wäre. Erinnern Sie sich bitte der Übung »Zusammenfügen einer Tragfläche« in Kapitel 3.

Nehmen Sie nun einen frischen Pappbecher, oder säubern Sie den vorher für das Oberflächenharz benützten, und mischen Sie eine nicht zu große Menge Laminierharz und Härter im vorgeschriebenen Verhältnis an. Es ist nicht empfehlenswert, die Überbleibsel der vorherigen Harz-/Härtermasse in die neue Harzmischung mit einzurühren, da dadurch die Aushärtung beeinträchtigt würde.

Bestreichen Sie nun das Vorgelat (Gelcoat) an der Stelle mit Harz, wo das erste Mattenstück auflaminiert werden soll; legen Sie den Streifen auf und tupfen Sie ihn mit einem flachen Stück Holz, der Pinselspitze oder einem Schwamm in das Harz, bis dieses den Streifen durchdringt. Fügen Sie so lange weiteres Harz hinzu, bis keine trockenen Stellen mehr sichtbar sind. Die Matte sollte gleichmäßig getränkt sein, dabei aber nicht im Harz schwimmen. Wichtig ist, daß die Fasern alle durch Harz miteinander verklebt und eingebunden sind, auf das äußere Aussehen kommt es nicht so sehr an.

Ist noch Harz übrig, so können Sie jetzt gleich den nächsten Streifen auflaminieren, aber nur, wenn dieser Harzrest nicht schon zu gelieren begonnen hat. In diesem Falle wäre es zwecklos, denn im bereits zähem Stadium dringt es weder zwischen die Glasfasern, noch hat es genügend Klebewirkung. Dieser Zustand ist schon zu erkennen, wenn Sie das Harz mit dem Pinsel aus dem Mischbecher nehmen. Versuchen Sie es trotzdem aufzustreichen, so bleibt es höchstens am Pinsel haften und zieht das schon aufgelegte Laminat wieder ab.

Mit ein wenig Übung, und bei kleinen Oberflächen, ist es möglich, mehrere Mattenstücke mit einem Harzansatz aufzulaminieren, vor allem, wenn die Werkstätte nicht zu warm ist. (Anm. d. Übers.:

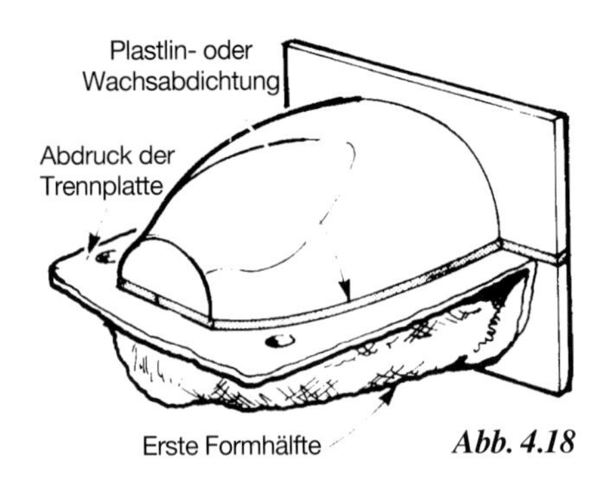

Abb. 4.18

Der Autor beschreibt das Laminieren mit einem Harz von sehr kurzer Topfzeit – nicht unbedingt anzuraten für die ersten Versuche auf diesem Gebiet. Besser ist es, sich eine großzügige Topfzeit je nach Werkstückgröße durch geeignete Wahl des Harz- beziehungsweise Härtertyps zu gönnen. Das viele bei kleinen Ansatzmengen im Becher statt am Werkstück aushärtende Harz kann außerdem ganz schön ins Geld laufen!) Legen Sie also die restlichen Glasmattenstreifen auf, bis die Form – wie in Abbildung 4.17 gezeigt – aussieht. Der Rand sollte dabei ein wenig dicker als die übrige Form werden und die Paßkegel vollständig überdecken. Das Laminat darf die als Trennebene dienende Platte nicht überragen. Sehr große Formen, wie zum Beispiel für einen Rumpf, können jetzt noch Versteifungen aus Sperr- oder Weichholz erhalten. Lassen Sie dann die Form aushärten bis sie steif, aber noch nicht steinhart ist. Entfernen Sie abstehende Fasern von den Rändern, denn Sie vermeiden dadurch verkratzte und zerstochene Finger.

Schieben Sie zum Herausnehmen der Trennplatten ein stumpfes Tafelmesser ringsum zwischen Formrand und Platte, und hebeln Sie diese vorsichtig aus dem Schlitz. Das Urmuster verbleibt dabei in der ersten Formhälfte (Anm. d. Übers.: Falls nicht, versuchen Sie es wieder vollständig hineinzubekommen, sonst wird Ihre Motorhaube asymmetrisch). Auch die vor dem Laminieren eventuell auf die Trennplatte aufgelegten kleinen Kegel aus Holz oder Plastilin sind in der Form verblieben, müssen aber jetzt aus dem Rand »ausgegraben« werden. Danach soll die Form wie in Abbildung 4.18 aussehen. Der Schlitz liegt nun frei und muß wieder verfüllt und geglättet werden. (Anm. d. Übers.: Hab' ich's Ihnen nicht gleich gesagt?) Dazu wird Spachtelmasse mit der Spitze eines Messers hineingedrückt und danach bündig mit der Trennkante der Form abgezogen. Nach dem Säubern von Urmodell und Form kann wieder Trennmittel aufgetragen und danach der Laminiervorgang für die zweite Formhälfte wiederholt werden. Achten Sie dabei darauf, daß der zweite Rand nicht über den ersten hinausragt, da sonst unter Umständen die beiden Hälften miteinander »verriegelt« werden. (Anm. d. Übers.: Falls doch, schleift man den Überhang nach vollständigem Aushärten eben ab; mit einem Winkelschleifer und Trennscheibe dauert das nur Sekunden. Dabei aber die Staubschutzmaske und eine Schutzbrille nicht vergessen, und am besten im Freien schleifen! Dieses Beschleifen des Randes sollte übrigens in jedem Falle erfolgen, schon aus Rücksicht auf die Finger, aber auch weil's schöner aussieht!) Nach dem Aushärten teilt man die Formhälften sehr vorsichtig und langsam, um Luft eintreten zu lassen. Der Rand kann dabei geringfügig nachgeben, soll aber wieder zurückfedern, wenn sich die Form an der Kante vom Urmuster gelöst hat. Öffnen Sie die Form ringsum gleichmäßig, und heben Sie die eine Hälfte ab. Mit aller Wahrscheinlichkeit bleibt jetzt das Urmodell in der anderen Hälfte hängen. Biegen Sie den Rand vorsichtig auf und »überreden« Sie das Teil mit einem als Hebel in den Schlitz geschobenen Messer dazu, herauszukommen. Lassen Sie nun die Form vollends aushärten, bevor Sie sie verputzen und von Trennmittelresten säubern. Fehler an den Formkanten, die etwa beim Entformen entstanden sind, oder kleine Blasen werden mit einem Gemisch aus Harz und viel Füllstoff ausgebessert und noch vor dem völligen Aushärten geglättet. Endlich kann die Form poliert und der Hochglanz hergestellt werden, der über die Oberflächengüte des ersten wie auch aller weiteren GfK-Formteile entscheidet, die eventuell noch für andere Modellbauer in der Form laminiert werden sollen.

Versehen Sie die Formenränder mit Bohrungen, so daß die Form zusammengeschraubt und wie eine einteilige verwendet werden kann. Der Zweck der geteilten Negativform ist es ja, ein einteiliges Formstück herstellen zu können, das dem Urmodell gleicht. Wenn die Form sehr tief ist, muß sie durch einen Unterbau so aufgestellt werden, daß das Innere durch die hintere Öffnung leicht zugänglich ist. Überziehen Sie die Innenseite sehr sorgfältig mit Trennmittel, so daß vor allem an der Trennkante keine unbedeckten Stellen verbleiben, aber sich auch nirgendwo Trennmittelpfützen bilden.

Laminieren eines Formteiles

Nehmen Sie das Urmodell als Maß und schneiden Sie danach ein Matten- oder Gewebestück zu, mit einer Zugabe für die Frontpartie. Mischen Sie Deckschichtharz an, gegebenenfalls mit einem Farbzusatz, und beschichten Sie das Innere der Form genauso, wie Sie es auch beim Formenbau ausgeführt haben. Eine sehr tiefe Form kann dabei Schwierigkeiten bereiten, achten Sie also dabei besonders auf die vollständige Überdeckung etwaiger Details. Schieflegen der Form und Schwenken helfen, das Harz gleichmäßig zu verteilen. Tupfen Sie überschüssiges Harz auf, wenn es nach dem Abstellen der Form wieder zusammenläuft.

Laminieren Sie nun die Gewebelagen auf, wie Sie es schon an der Form geübt haben. Eine Pinzette hilft dabei, das Gewebe festzuhalten, während es in das Harz getupft wird. Ein Holzstück hält die Glasfasern nieder, während Pinsel oder Schwamm vom Laminat abgehoben wird. An der Öffnung sollte das getränkte Gewebe etwas über den Formenrand hinausragen, ohne daß jedoch Harz an der Form hinabläuft und das Laminat mit deren Außenseite verklebt. Dieser Überstand wird nach dem Angelieren abgeschnitten, bevor er zu hart wird. Nach dem vollständigen Aushärten, also nach drei bis vier Stunden (wenn ein entsprechend kurzer Härter gewählt wurde; Anm. d. Übers.), können Sie die Verschraubung lösen und die Form nach bekannter Manier öffnen. Das freie Ende des Formteiles kann dabei etwas verformt werden, um die Trennung von der Form in Gang zu bringen. Nach der Entformung werden Formteil und Form gesäubert und die beiden Formenhälften wieder zusammengeschraubt, damit sie sich bis zum nächsten Gebrauch nicht verziehen können.

Fertigstellen des laminierten Formteiles

Kleben Sie ein Kreppband auf denjenigen Rand, der an das Flugmodell angepaßt werden soll. Es hat die Aufgabe, die abgeschnittenen Fasern zu binden. Verwenden Sie eine kleine Bügelsäge mit Metallsägeblatt und nicht etwa ein Elektrowerkzeug, da die feinen Fasersplitter überall herumfliegen und leicht eingeatmet werden können. Tragen Sie auch hierzu eine Staubschutzmaske und eine Schutz- oder Schwimmbrille. Lieber komisch aussehen, als krank werden! Zum Polieren einer schon makellosen Oberfläche kann man Metallpolitur verwenden, andernfalls ein Schleifmittel, aber vermeiden Sie zu starkes Schleifen falls das Werkstück hervorstehende Details aufweist. Kanten werden mit Naßschleifpapier geglättet, das man zwischendurch in Seifen-

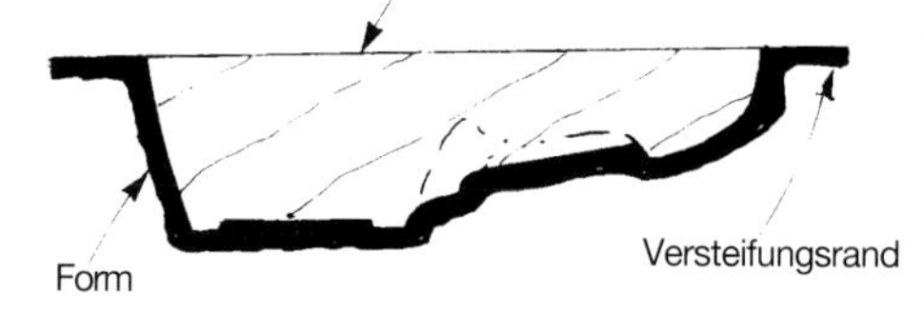

Abb. 4.19

wasser taucht; der Abrieb wird dadurch abgewaschen. Vermeiden Sie es, Staub herumzublasen. Bringen Sie Befestigungswinkel mit Harz und kleinen Gewebestücken an; Glasmatte ist hierfür weniger geeignet, da sie zerfranst und dann eher am Pinsel als am Formteil haften bleibt.

Einteilige Formen

Flache Bauteile und solche, welche wie für das Tiefziehen Freiwinkel aufweisen, können in einer einteiligen Form hergestellt werden. Das Modell wird dazu auf einer glatten Fläche befestigt, auf welcher dann der Formenrand laminiert wird. Dieser Rand wird nirgendwo verschraubt, er hat nur die Aufgabe, der Form Festigkeit zu verleihen.

Der Laminiervorgang ist der gleiche wie für eine geteilte Form oder für das Formteil selbst (siehe hierzu Abbildung 4.19). Die meisten Frontpartien von Motorhauben eignen sich für diese Methode. Radverkleidungen andererseits, und seien sie noch so klein, erfordern stets eine geteilte Negativform, außer sie sehen aus wie Kaffeewärmer!

Zweiteilige Formstücke

Ehe Sie an die Herstellung ganzer Rümpfe gehen, sollten Sie schon einige Praxis erworben haben. Die Technik ist jedoch die gleiche wie oben beschrieben. Die Schalen werden in den offenen Formhälften laminiert, wobei die Gewebelagen geringfügig über die Formenkante hinausstehen sollen. Dieser Überstand wird zurückgeschnitten, bevor das Laminat vollständig ausgehärtet ist, und

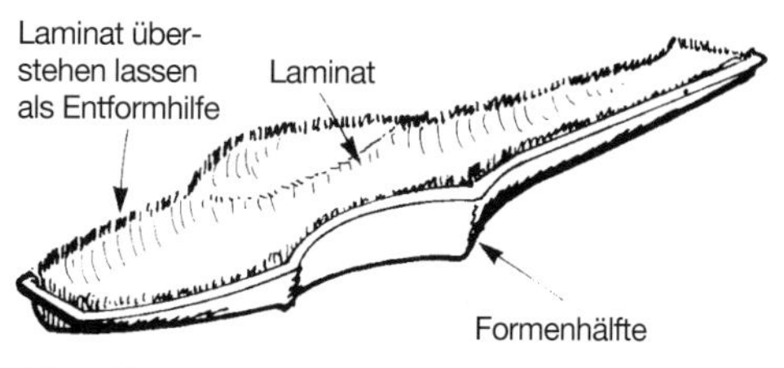

Abb. 4.20

nachdem er dazu gedient hat, die Rumpfschalen in der Form zu lockern (siehe Abb. 4.20). Dank der Möglichkeit, rundherum daran ziehen zu können, sollten die Schalen leicht zu entformen sein. Zum Abschneiden des Überstandes können Sie eine Blechschere verwenden, solange das Laminat noch nicht zu hart geworden ist. Vermeiden Sie es aber dabei, den eigentlichen Schalenrand zu verformen. Drücken Sie danach die Schalen wieder fest in die Negativform zurück, damit sie verzugsfrei aushärten können. Die Schalen werden später wie in Kapitel 2 beschrieben zusammengeharzt. (Anm. d. Übers.: Bei entsprechender Vorbereitung der Form kann man den Rumpf oder ein anderes beliebiges Bauteil »Naß in Naß« in einem Arbeitsgang laminieren. Nachzulesen unter anderem in »Moderner Rumpfbau« von C. Baron (1987), VTH Modellbaureihe, MBR 10. Das nachträgliche Einharzen eines Verstärkungsbandes entfällt dabei.)

Positivform

Dieses Verfahren kann angewendet werden, wenn die Oberfläche des Bauteiles keine Strukturdetails erhalten soll, und wenn das Gewicht keine große Rolle spielt. Diese Voraussetzungen sind bei Motorverkleidungen oft gegeben. Wesentliche Bestandteile der Methode sind ein »verlorenes« Urmodell und ein gewisser Aufwand zur Erzielung der gewünschten Oberflächengüte.

Bei einer (wieder als Beispiel gewählten) Motorhaube geht man wie in Abbildung 4.21 gezeigt vor: Aus einem Styroporblock wird ein Positiv herausgearbeitet, das geringfügig kleiner als die fertige Verkleidung ist. Wichtig ist dabei nicht so sehr eine völlig glatte, sondern eine stetig verlaufende Oberfläche. Freiwinkel sind nicht erforderlich, da das Urmodell zum Entformen zerstört wird. Verwenden Sie Epoxydharz (Polyester würde das soeben gefertigte Modell chemisch auflösen) und laminieren Sie Glasfasermatte oder besser: Gewebe auf den Kern. Hierzu wird noch kein Deckschichtharz verwendet, da diese Lage ja die Innenseite wird. Sind zwei oder drei Laminatlagen aufgebracht, wird die ganze Oberfläche nochmals angedrückt, so daß keine Blasen oder Unebenheiten mehr vorhanden sind. Nach dem Angelieren trägt man auf diese Schichten ein Harzgemisch mit einem hohen Füllstoffanteil auf und läßt es so weit aushärten, bis es ohne Verformung geschliffen werden kann. Versuchen Sie es zunächst an einem kleinen Stück.

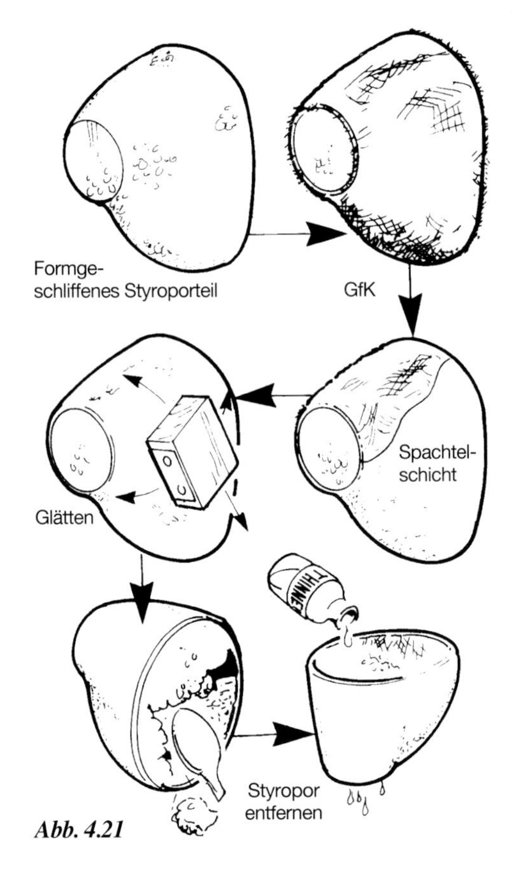

Abb. 4.21

Schleifen Sie mit grobem Naßschleifpapier, einem Schleifklotz und mit Seifenwasser, bis Sie eine glatte Oberfläche erzielt haben. Ungewollte Hohlstellen, die nicht ohne in das Gewebe zu schleifen ausgeglichen werden können, werden mit dem gleichen Harz/Füllstoffgemisch aufgefüllt. Zuletzt wird mit feinem Sandpapier naß nachgeschliffen.

Sie haben nun eine solide Motorverkleidung mit einer harten Außenhaut. Graben und schaben Sie das Styropor aus dem Inneren - von der Mitte beginnend - heraus; ein alter eventuell angeschliffener Löffel gibt dafür ein geeignetes Werkzeug ab. Die letzte am Harz haftende dünne Stroporschicht wird mit Benzin oder Petroleum aufgelöst und die Haube innen gesäubert, bevor Befestigungswinkel oder Klötzchen mit Epoxydharz eingeklebt werden.

(Anm. d. Übers.: Nehmen Sie lieber Azeton oder Nitroverdünnung. Weder Benzin noch Petroleum lösen Styropor auf. Hinweis: Die für Styropor geeigneten Kontaktkleber sind meist in Benzin gelöst!)

Kapitel 5
Integrierte Bauweisen

Segelflieger wissen um die Notwendigkeit fester, leichter Flügel hoher Streckung. Dieses Kapitel handelt von einigen interessanten Methoden, entsprechende Verstärkungen in Tragflächenholme und andere Strukturbestandteile einzubauen.

Kompositholme

Holme, welche infolge eines dünnen Profils nur eine geringe Bauhöhe aufweisen, können in ihrer Zugfestigkeit durch Einbetten von Glasfasern in die Holzkonstruktion verbessert werden (siehe Abb. 5.1). Matten und Gewebe scheiden aus, da man eine sehr viel höhere Festigkeit dadurch erreicht, daß man alle Glasfaserstränge parallel zum Holm verlaufen läßt. Diese Glasfaserstränge sind als »Rovings« im Handel und in Bündeln unterschiedlichen Metergewichtes erhältlich. Die Abbildung 5.2 zeigt sie im Vergleich mit Glasfasergewebe. Man kann aus diesen Rovings unterschiedlich lange Stränge vorbereiten und sie, von der Flügelwurzel ausgehend, so anordnen, daß zunächst beidseitig kurze, danach zur Holmmitte hin immer längere Faserbündel symmetrisch aufeinander folgen, bis die Mittelfasern schließlich über die gesamte Halbspannweite gehen. Dadurch wird ohne Aufdickung und ohne übermäßiges Gewicht ein abgestufter Verlauf der Festigkeit erreicht und vermieden, daß sich Schwachstellen ausbilden können. Diese Art der Faseranordnung ist in Abbildung 5.3 dargestellt.

Laminieren beim Bau der Flügelstruktur

Bei diesem Verfahren wird der Holm als Hauptbauteil der Struktur beibehalten, allerdings im Gurt etwas dünner ausgeführt, so daß zwischen ihm und der normalen Beplankung eine 0,8 mm dicke GfK-

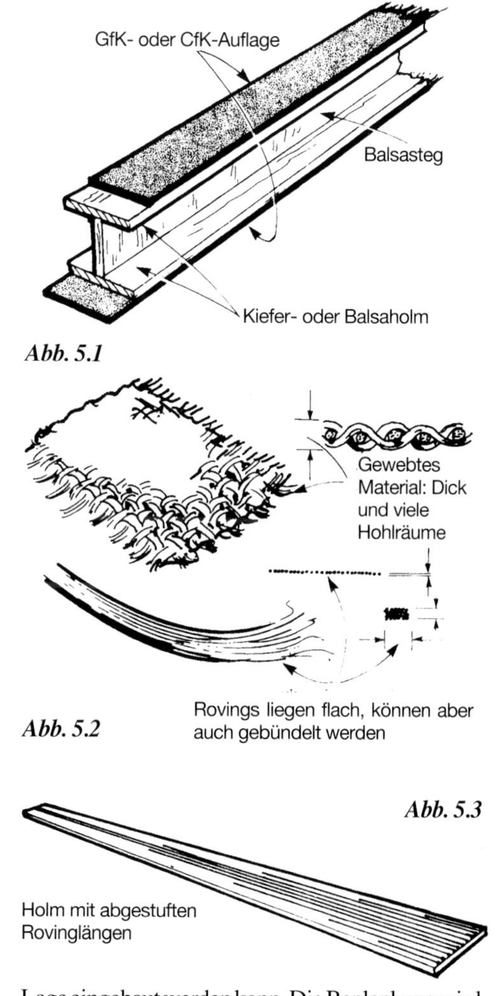

Abb. 5.1

Abb. 5.2

Abb. 5.3

Lage eingebaut werden kann. Die Beplankung wird dabei auf das noch »nasse« Laminat aufgelegt und

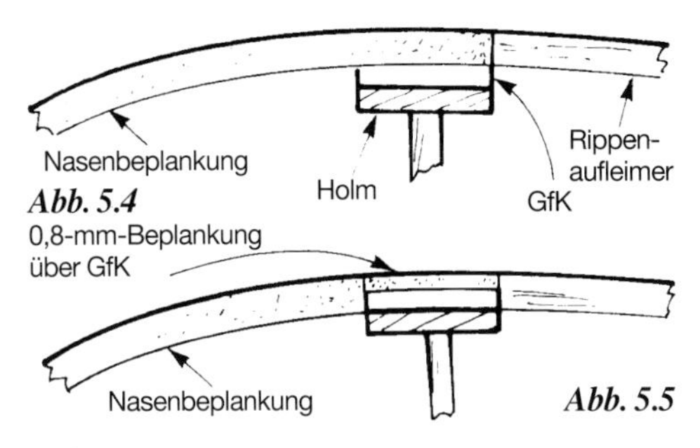

Abb. 5.4

Abb. 5.5

dadurch mit ihm verbunden. Ein Nachschleifen des Laminats ist also nicht mehr notwendig (siehe Abb. 5.4). Alternativ dazu kann der Holm in seiner Lage und Gurtdicke unverändert bleiben, dafür aber das aufgelegte GfK-Laminat, wie es die Abbildung 5.5 zeigt, mit einer Decklage aus Balsa auf die Beplankungsdicke aufgefüttert werden. Die beiden Varianten unterscheiden sich kaum von der bekannten Holm/Rippenbauweise mit Holmsteg und Beplankung. Es gibt jedoch Möglichkeiten, verstärkte Holme unabhängig von der Flügelstruktur unter besser zu beherrschenden Fertigungsbedingungen aufzubauen. Das Ergebnis ist in der Regel ein leichterer Holm, weil ein Harzüberschuß vermieden wird. Eine beliebte Methode ist in Abbildung 5.6 dargestellt.

Beschaffen Sie sich als Voraussetzung für einen geraden Holm eine ausreichend große Glasscheibe oder einen geraden Metallstreifen (in Heimwerkermärkten sind 3 mm dicke, 25 mm breite Flach- oder Winkelprofile aus Aluminium erhältlich), und wachsen Sie die Fläche, auf der der Holm entstehen soll, gut mit Trennmittel ein. Bereiten Sie zwei Hartholzleisten vor, die etwas höher als der fertige Holm sind, und wachsen Sie sie ebenfalls ein, bevor Sie sie

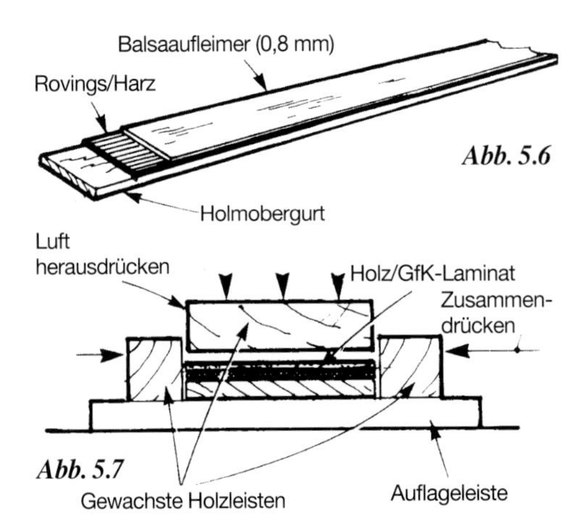

Abb. 5.6

Abb. 5.7

auf der Unterlage zu beiden Seiten einer dünnen Balsa- oder Kiefernleiste verkeilen oder festklemmen. In den so entstandenen Trog (Abb. 5.7) wird die GfK-Verstärkung eingelegt und mit einem Balsaholzstreifen von 0,8 mm Dicke abgedeckt. Darüber kommt eine weitere ebenfalls gewachste Hartholzleiste von gleicher Breite wie der Holm, welche mit Gewichten beschwert wird. Auf diese Weise wird das Laminat verdichtet und überschüssiges Harz herausgedrückt. Sie müssen dabei rasch arbeiten, damit das Harz noch dünnflüssig genug ist, wenn die Gewichte aufgelegt werden. Der Aushärtevorgang läßt sich mit einem Haartrockner beschleunigen. Auch in der Draufsicht verjüngte Holme lassen sich auf diese Weise anfertigen. Zuerst werden aus Holz die oberen und unteren Holmgurte zugeschnitten. Danach wird das Metallprofil auf der Werkbank befestigt, zum Beispiel mit Schrauben,

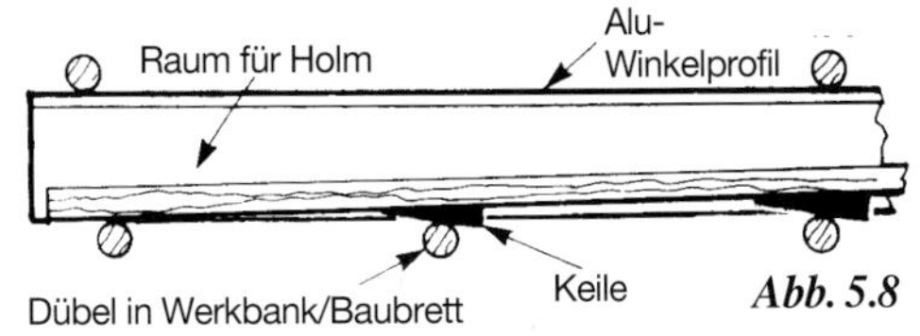

Abb. 5.8

die an seinen Längskanten so eingedreht werden, daß später mit Keilen oder konischen Leisten die seitlichen Begrenzungen angepreßt werden können. Die Abbildung 5.8 schlägt außerdem vor, die eine Holmseite anstatt durch eine zweite Holzleiste durch ein Winkelprofil festzulegen.

GfK-Holme in Schaumstoff-Tragflächen

Für gewöhnlich sind derartige Flügel aus blauem Hartschaum gefertigt und haben auf der Ober- und der Unterseite flache Vertiefungen, in welche mit Epoxydharz Glasfaserstränge einlaminiert sind. Falls eine Folienbespannung direkt auf den Kern aufgezogen werden soll, wird die Oberfläche durch einen über das noch nasse Laminat gelegten Klebefilm und eine zusätzlich darübergelegte Hartholzleiste oder Metallschiene geglättet und verdichtet (Abb. 5.9). Senkrechte Stege können vor dem Einlaminieren des Holmes in Gestalt von Balsadübeln in den zuvor mit den entsprechenden Bohrungen versehenen Flächenkern eingesetzt werden (Abb. 5.10).

Wenn Sie sich dafür entscheiden, den Kern wie in Abbildung 5.11, aufzutrennen, dann können Sie einen auf dem Metallprofil anzufertigenden Kompositholm verwenden (Abb. 5.12).

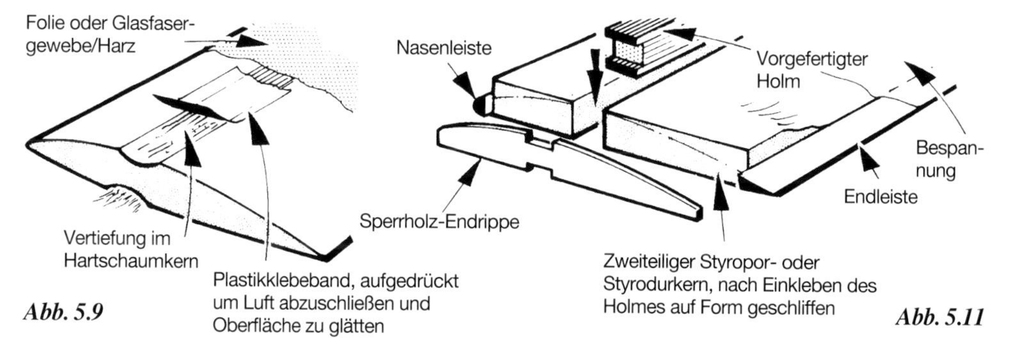

Abb. 5.9

Abb. 5.11

Der Holm wird auf der Seite liegend gebaut und das überschüssige Harz von der freiliegenden Seite abgeschabt. Teile des Querschnittes können dabei durch Hartholz ersetzt, und auch die Holmhöhe kann verjüngt werden. (Anm. d. Übers.: Das mit dem »Hartholz« sollten Sie generell nicht zu wörtlich nehmen. Hier tut's Kiefer »mit links«, ist aber nicht einmal erforderlich, denn selbst in F3B-Seglern wird mit Balsaholz gearbeitet, wenn auch in Verbindung mit der Tragflächenschale. Der Begriff »Hartholz« wird überwiegend zur Unterscheidung vom »weichen« Balsaholz verwendet– und dabei gehört ausgerechnet dieses nun wirklich zu den Harthölzern!)

Voll-GfK-Flügelnasen

Der Tragflügel kann anstelle einer herkömmlichen Balsastruktur eine Nasenkonstruktion aus Glasfasergewebe erhalten. Besonders bei dünnen Profilen kann dies von Vorteil sein (siehe Abb. 5.13). Dazu wird eine von der Vorderkante bis zum Holm reichende Hartholzleiste mit der Profilkontur versehen, wobei die Dicke des zukünftigen Laminates abgezogen wird. Mit einigen Klebepunkten wird dann eine dieser Dicke entsprechende Kartonnase aufgezogen und gemäß Abbildung 5.14 ein dünnes Aluminiumblech darübergebogen. Das Verfahren ist für Flügel geringer Spannweite geeignet und erfordert große Sorgfalt beim Anpassen.

Ein anderes Verfahren besteht darin, die Kartonnase mit einer Bespannfolie zu überziehen und auf dieser nach Behandlung mit Trennmittel eine Negativform aus GfK-Laminat aufzubauen. Man erhält auf diese Weise zwei Formen, von denen die eine, nachdem beide gewachst wurden, über die andere gestülpt wird und dabei das dazwischenliegende harzgetränkte Gewebe in die gewünschte Form preßt. Eine derartige Flügelnase weist bei geringem Gewicht eine sehr glatte Oberfläche auf. (Anm. d. Übers.: Vorzugsweise sollte man die laminatdicke Kartonschicht abnehmen und dann auch die »Hartholznase« mit Trennfilm versehen, sonst hat das Laminat keinen Platz zwischen den Formen. Die Negativform schnäbelt auf, und man erhält ein undefiniertes anderes Profil, wenn die Nasenschale anschließend wieder bis auf die Holmhöhe zusammengedrückt werden muß, damit sie »paßt«.)

Ein weniger aufwendiges Verfahren geht von einer mit Trennmittel behandelten Positiv-Flügelnase aus, über die zuerst die Laminatschicht und dann eine entweder ebenfalls mit Trennmittel versehene und wieder abnehmbare Polyester-Zeichenfo-

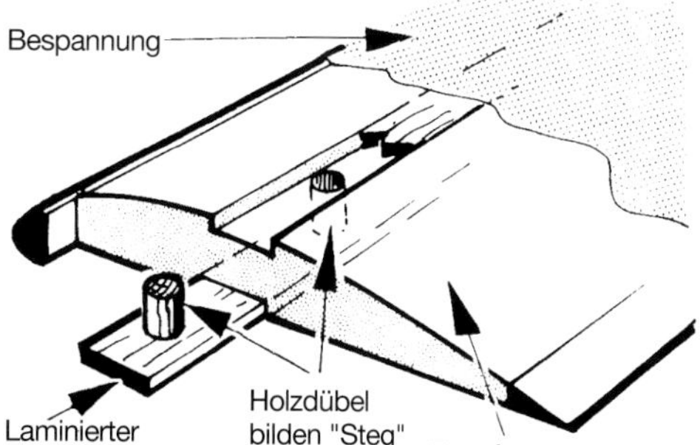

Bespannung
Laminierter Kiefer/GfK-Holm mit Epoxydharz eingeklebt
Holzdübel bilden "Steg"
Einteiliger Kern, genutet und gebohrt

Abb. 5.10

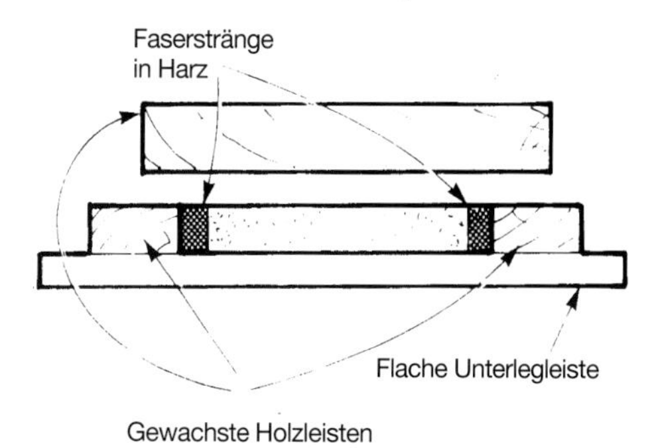

Abb. 5.12

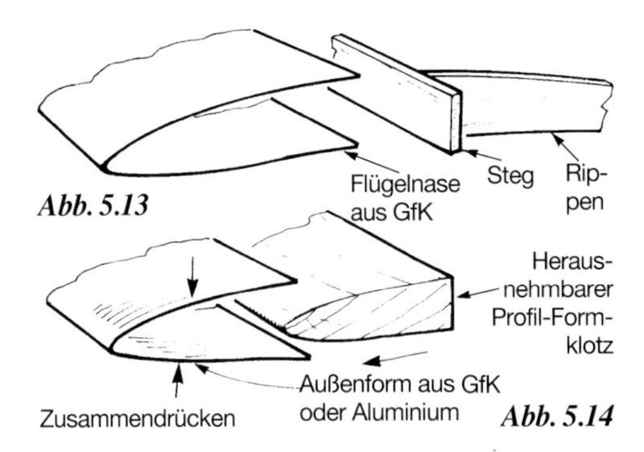

Abb. 5.13

Abb. 5.14

lie zum Glätten, oder der gleiche Film unbehandelt als integrale Oberflächenschicht aufgespannt wird. Durch Straffen mittels Klebestreifen erreicht man eine geringere Dicke des Laminates. Bei einer eingezogenen Unterseite ist dies allerdings nicht möglich. Hier kann der nötige Anpreßdruck durch eine Auflage aus Schaumstoff übertragen werden.

GfK-verstärkte Flügelnasen

Soll eine Balsabeplankung bei Schaumstoff-Tragflächen, aber auch bei klassischer Bauweise, um die Flügelnase herumgezogen werden, dann kann man ihre glatte Außenseite dadurch bewahren, daß man die Verstärkung nach innen verlegt. Robert Bardou aus Frankreich schlägt vor, ein vorgeformtes Balsabrett zu verwenden, gibt aber zu, daß dies nur bei verhältnismässig großen Nasenradien ohne Splittern der Beplankung abgeht.

Die Antwort heißt Salmiakgeist, denn dieser macht das Holz vorübergehend weich und geschmeidig. Besorgen Sie sich also eine 100 cm lange PVC-Regenrinne, sowie Polystyrolplatten und den zugehörigen Kleber, um die Enden zu verschließen, und bauen Sie sich einen Trog. Schütten Sie Wasser und Salmiakgeist zu gleichen Teilen hinein (je 100 Kubikzentimeter genügen), legen Sie das Brett am Trogrand auf, und befeuchten Sie es zunächst mit einem Pinsel auf einer Seite. Es wird sich daraufhin schon soweit wölben, daß Sie es auf den Boden des Troges legen können. Bereits nach einigen Minuten ist es so geschmeidig, daß Sie es auf den Kern oder eine andere vorbereitete Schaumstofform auflegen und um die Flügelnase herumbiegen können. Während des Trocknens wird das Brett von Gummiringen in seiner Form gehalten. Die Endleiste schützt man während dieser Zeit gegen das Einschneiden durch darübergefaltete Wellpappe. Die Abbildung 5.16 zeigt diese Baustadien. (Anm. d. Übers.: Wenn Sie statt der Gummiringe eine lange Mullbinde oder ein anderes durchlässiges Bandmaterial verwenden, erreichen Sie ein gleichmäßiges Anliegen der Nasenbeplankung über die ganze Länge und ersparen sich auch dort die Gummiringspuren, die sich in dem zusätzlich erweichten Holz beim Trocknen mit Vorliebe »verewigen». Alterativ können Sie mehrere lange flache Leisten als »Druckverteiler« zwischen Beplankung und Gummiringe einlegen. Halten Sie den Anpreßdruck so niedrig wie möglich.)

Schneiden Sie nun einen Glasgewebestreifen so zu, daß Kette und Schuß unter 45 Grad verlaufen, und tränken Sie ihn auf einer Polyäthylenfolie mit Epoxydharz. Tupfen Sie das Harz gründlich ein, und rollen Sie dann das Diagonalgewebe vorsichtig auf, um es auf die inzwischen mit der offenen Seite nach oben aufgebaute und vorgeformte Nasenbeplankung zu transportieren (Abb. 5.17). Entrollen Sie das Gewebe nun wieder und lassen Sie es vorsichtig in die Höhlung gleiten. Falls nötig, kann nochmals Harz eingetupft und die Vorderkante durch zusätzlich eingelegte schmalere Streifen weiter verstärkt werden.

Nach dem Angelieren des Harzes können abstehende Fasern abgeschnitten und die Beplankung samt Verstärkung auf den vorher mit frischem Harz eingestrichenen Schaumstoffkern übertragen oder, ebenfalls mittels Harz, mit dem Holm einer traditionell gebauten Rippenfläche verklebt werden.

Endleisten und sinngemäß auch Flügelspitzen kann man dadurch verstärken, daß man zwischen obere und untere Beplankung Glasfasergewebe einlaminiert. Dadurch wird es möglich, die Kanten scharf auszuschleifen. Achten Sie aber stets darauf,

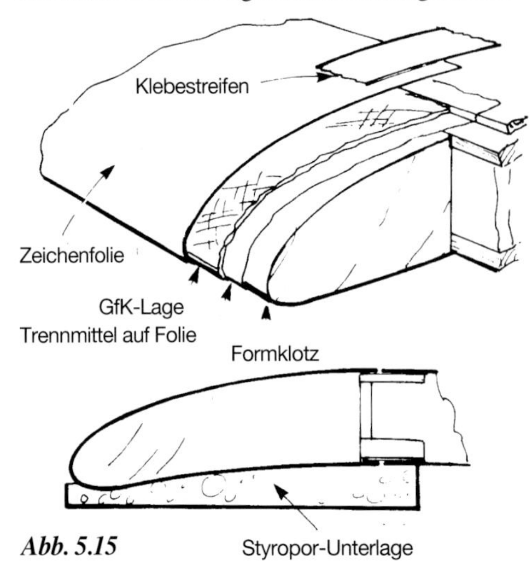

Abb. 5.15

in Verbindung mit Styropor kein Polyesterharz zu verwenden.

GfK-Beschichtung von Styroporkernen

Man kann Schaumstoffkerne auch vollständig mit dünnem Glasfasergewebe und Epoxydharz überziehen, muß dabei aber sparsam mit dem Harz umgehen, damit das Gewicht nicht zu sehr anwächst. An Stellen hoher Belastung kann die Beschichtung durch eine (Anm. d. Übers.: ... als erste aufzubringende ...) weitere Gewebelage verstärkt werden. Der Dickenzuwachs ist dabei so gering, daß der Kern an diesen Stellen nicht ausgespart zu werden braucht.

Nasen- und Endleiste können dabei in Balsa ausgeführt werden, und sei es auch nur, um dem wenig steifen Kernmaterial zum Beschichten gerade Bezugskanten zu geben.

Das Gewebe wird trocken über den Kern gebreitet und dann mit dünnflüssigem Epoxydharz mittels einer Walze getränkt, die man sich dazu aus einem Rundholz mit mehrlagig aufgewickeltem Toilettenpapier herstellt. (Anm. d. Übers.: Nicht ganz so billig, dafür aber auch weniger problematisch in der Anwendung, ist eine Schaumstoffwalze.) Geht man beim Aufwalzen vorsichtig zu Werke, so daß sich das Toilettenpapier nicht abwickelt, so wird das Harz dünn aufgetragen und überschüssiges gleich wieder aufgesaugt. Gegebenenfalls kann man zusätzlich mit einer trockenen Rolle nochmals über diejenigen Stellen gehen, welche »naß« aussehen. Mit diesem Vorgehen soll nur eine Verbindung der Gewebefasern untereinander erreicht werden, nicht eine Auffüllung der Zwischenräume des Gewebes, denn die glatte, glänzende Oberfläche kann, falls gewünscht, mit einer Folienbespannung erreicht werden.

Die höchste Festigkeit der Beschichtung wird erreicht, wenn das Gewebe ohne Harzüberschuß, auf jeden Fall aber ohne Luftblasen, innig mit dem Schaumstoffkern verbunden ist. Dies wird am besten dadurch sichergestellt, daß eine dicke Polyäthylenfolie als Trennschicht und gleichzeitig zur Oberflächenglättung eingesetzt wird. Legen Sie sie glatt über das getränkte Gewebe, und deponieren Sie das ganze Paket zwischen die Negativschalen, die beim Schneiden des Kernes als »Abfallstücke« angefallen sind.

Schieben Sie das Ganze in einen großen Foliensack, verschließen Sie ihn mit Klebeband, und saugen Sie die Luft daraus ab. Der Unterdruck sollte

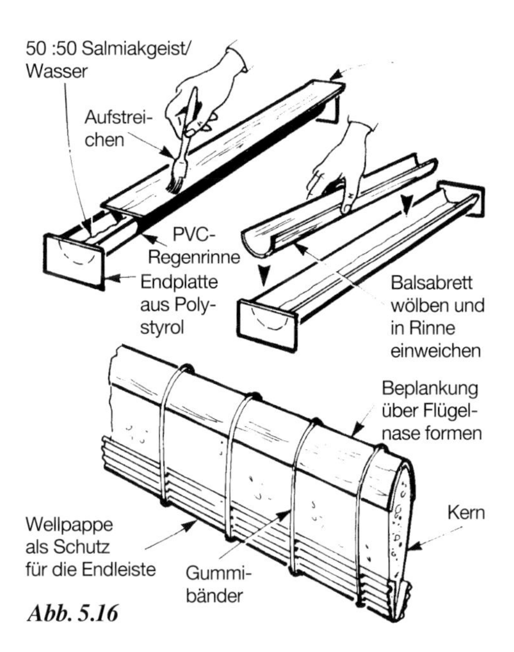

Abb. 5.16

während des Aushärtevorganges aufrechterhalten werden, zumindest aber so lange, bis das Harz angeliert und das »Gummistadium« überschritten ist. Selbstverständlich muß die Pressung schon ein-

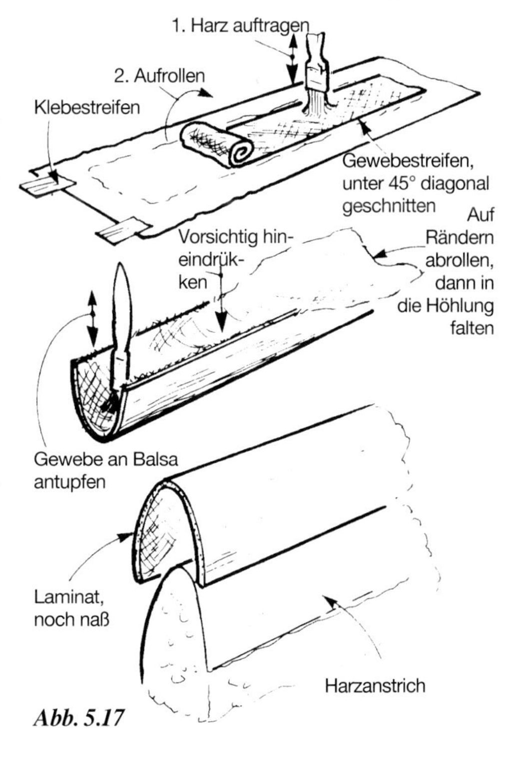

Abb. 5.17

setzen, wenn das Harz noch richtig dünnflüssig ist. Wärme hilft dabei und verkürzt zudem die Aushärtezeit.

Der Autor bedient sich zur Erzeugung des Unterdruckes einer einfachen Methode. Viele Modellbauer besitzen einen dieser kleinen Kompressoren, wie sie zum Spritzen von Plastik- und anderen Modellen verwendet werden. Dieser Kompressor kommt in einen mit Luftlöchern versehenen kleinen Kasten, so daß der Plastiksack nicht mit dem heißen Zylinderkopf der Pumpe in Berührung kommen und schmelzen kann, und Kompressor samt Kasten kommen mit in den Sack. Kleben Sie das Stromzuführungskabel und den Druckluftschlauch mit Klebeband zusammen, und verkleben Sie den Foliensack mit weiterem Klebeband über dieser Manschette. Schalten Sie den Kompressor ein, und nach etwa einer Minute wird die Luft aus dem Sack gepumpt sein und der atmosphärische Luftdruck mit einigen Tonnen gleichmäßig auf Ihr Sandwich aus Styropor und GfK drücken. Schalten Sie den Kompressor wieder aus, und prüfen Sie nach einiger Zeit ob der Sack dicht ist, indem Sie versuchen, ihn auseinanderzuziehen. Gelingt dies, so schalten Sie wieder ein, um den durch das Leck verursachten Verlust an Unterdruck auszugleichen. Das Prinzip ist in Abbildung 5.18 dargestellt. (Anm. d. Übers.: Einfaches Verfahren? Auf jeden Fall ist es nicht ungefährlich für Ihren Kompressor. Da er sich mit im Sack befindet, gräbt er sich selbst das Wasser, sprich die Kühlluft ab. Da das Bündel aus Kabel, Luftschlauch und Foliensack mit Klebeband schlecht dicht zu bekommen ist, dürfte es für ihn zu einem Dauerlauf werden – bis er wegen Überhitzung den Geist aufgibt. Versuchen Sie also, wenn es denn ein Kompressor sein muß – es gibt seit Jahren preiswert spezielle Pumpen für diesen Zweck –, den Sack an seinem Lufteinlaßfilter anzuschließen und ihn »außen vor« zu lassen, er wird es Ihnen kühl danken!)

GfK-Beschichtung für furnierte Tragflächen

Furnierte Flügel können ebenfalls nach der oben beschriebenen Methode behandelt werden, wobei das Furnier mithilft, zu starken Harzauftrag zu vermeiden. Achten Sie auf Blasenbildung zwischen Beplankung und dem meist sehr leichten und lockeren Gewebe. Auch vollbeplankte Holm/Rippen-Tragflügel eignen sich für diese Gesamtverstärkung. Zudem ist das Verfahren ohne weiteres bis zur endgültigen Oberflächenbehandlung erweiterbar.

GfK-Schalenflügel

Die Herstellung von ganzen Flügelschalen ist eine Spezialform des im Absatz »Voll-GfK-Flügelnasen« beschriebenen Verfahrens. Die Abbildung

Abb. 5.18

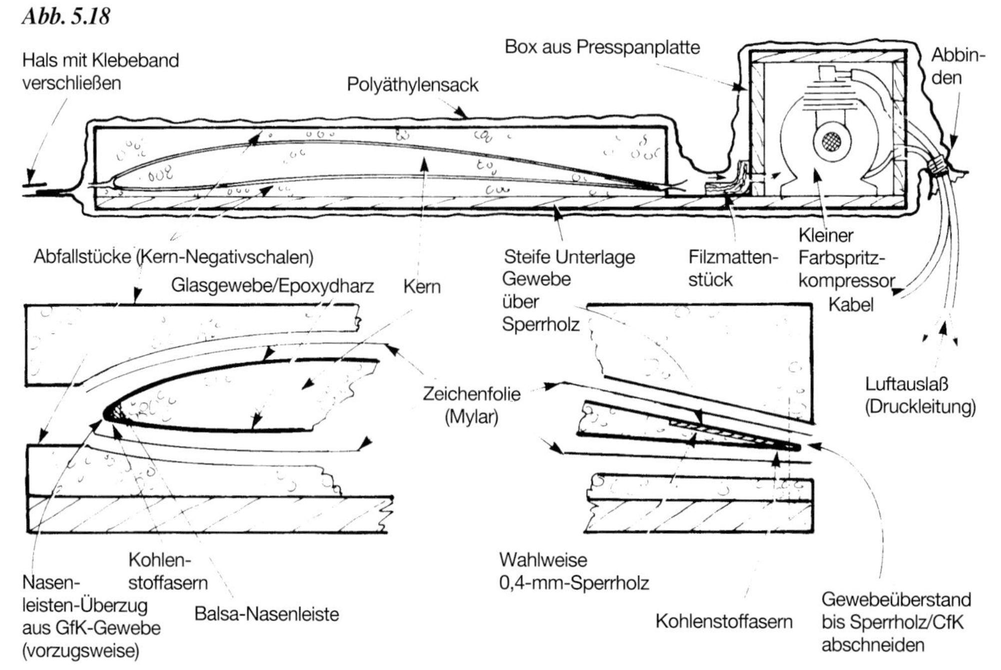

5.19 zeigt den Aufbau für das Laminieren einer solchen Schale. Nach dieser Methode werden Tragflächen für Höchstleistungsmodelle hergestellt. Ein solcher Flügel erreicht mit oder ohne Holmsteg ein hohes Festigkeits-/Gewichts-Verhältnis und ist verzugsfrei herzustellen.

(Anm. d.Übers.: Ohne Holmsteg?! Hier wird's aber bedenklich! Versuchen Sie gar nicht erst, das Gewicht für einen Holm beziehungsweise den Steg zwischen Ober- und Unterschale einzusparen. Ein solcher »Höchstleistungs»-Flügel würde kaum das Einfliegen aus der Hand, geschweige denn den ersten Hochstart überleben. Die Schale knickt unter der Biegebeanspruchung unweigerlich ein, es sei denn, Sie hätten eine »Betonröhre« gebaut. Die schönsten Kohlenstoffasern an Nasen- und Endleiste können das Zusammenklatschen und Abknikken der Schale nicht verhindern, denn sie liegen nahe bei oder direkt in der neutralen Faser und tragen so gut wie nichts zur Biegesteifigkeit bei. Also: Holmsteg muß sein, übrigens auch bei Schalenleitwerken.)

Die Formen für die Schale werden durch jeweils nur einen Schnitt in einem Styroporblock erzeugt. Das beim Schneiden mit dem heißen Draht abgeschmolzene Material wird durch eine Schicht aus sehr dünnem Rohazell 55 oder Styropor (Isoliertapete) ersetzt, welche zwischen zwei Lagen harzgetränkten Glasfasergewebes, zwei Polyäthylfolien als Trennschichten und zwei dicken Zeichenfolien in den Schnitt eingelegt und mit einer Schaumgummiplatte zur gleichmäßigen Verteilung des Anpreßdruckes in die Form gepreßt wird. Anstelle von Schraubzwingen kann man auch mit Foliensack und Unterdruck arbeiten. Das Ergebnis ist eine beidseitig beschichtete Schale. Die andere Schalenhälfte wird in einer ähnlichen Form genauso hergestellt und mit der ersten an Nasen- und Endkante verklebt. Dabei werden Stränge aus Kohlenstoff- oder Glasfasern mit eingeharzt.

Kohlenstoff-Fasern

Kohlenstoffasern werden wie Glasfasern von Spezialfirmen für GfK-Artikel in Form von Rovings vertrieben. Sie haben eine erheblich höhere Festigkeit als Glasfasern und werden an ihrer Stelle dort eingesetzt, wo besonders hohe Festigkeit gefordert ist, und wo weder der zur Verfügung stehende Raum noch das Gewicht die erforderliche Glasfasermenge zulassen. Dünne Faserstränge können in geodätischer Anordnung sowohl bei herkömmlichen Struktur- als auch bei beplankten Schaum

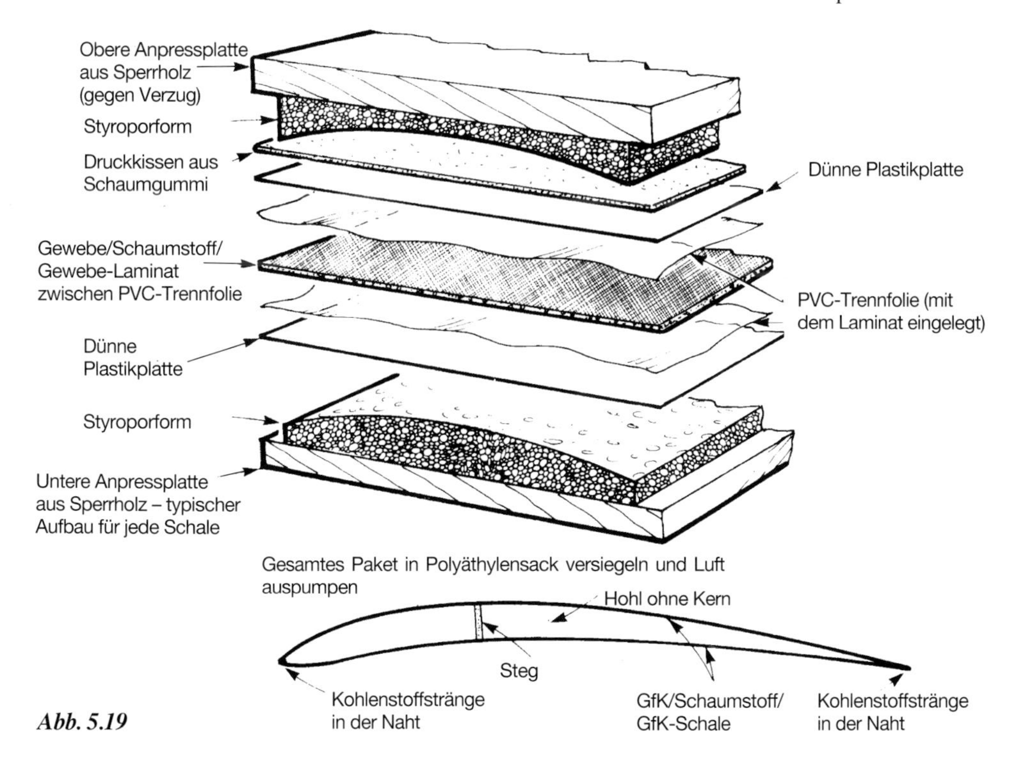

Abb. 5.19

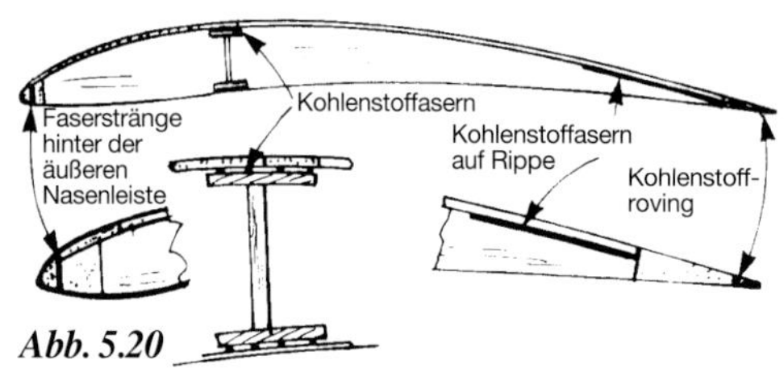

Abb. 5.20

stofftragflächen eingesetzt werden. Bei Tragflügelrippen mit einer dünnen Endfahne kann zur Verstärkung unter jeden Rippenaufleimer ein Faserstrang eingeklebt werden (Abb. 5.20).

Tatsächlich bieten Kohlenstoffasern überall dort, wo Rovings eingesetzt werden, die stärkere Alternative - sowohl in der Zugfestigkeit als auch in der Steifigkeit. Das ebenfalls erhältliche Kohlenstoffgewebe wird allerdings nur dort verwendet, wo Glasfasergewebe - selbst im Verbund mit Kohlenstoff-Rovings - nicht die erforderliche Festigkeit erreicht, zum Beispiel in dünnen Leitwerksträgern.

Kevlar

Kevlar und Borfasern sind weitere Spezialwerkstoffe für Verstärkungen. Sie sind als Bänder erhältlich und im allgemeinen leichter und dünner als Kohlenstoff- und Glasfasern. Zur Verstärkung werden sie vor dem Einharzen entweder um den betreffenden Gegenstand gewickelt oder dort aufgelegt. Das Einbetten der Fasern geschieht wie zuvor mit Harz, jedoch benötigen diese Gewebe davon erheblich weniger zum Erreichen der gleichen Festigkeit. (Anm.d.Übers.: Die Festigkeit resultiert in erster Linie aus der Faser, nicht aus dem Harz. Die Aramidfaser Kevlar hat bei geringerem spezifischem Gewicht eine höhere Festigkeit als die Glasfaser. Daher ist für angestrebte gleiche Festigkeit ein Kevlargewebe von Hause aus schon leichter und dünner, und braucht in der Folge auch noch weniger Harz zum Einbetten der Fasern.) Sollen einzelne

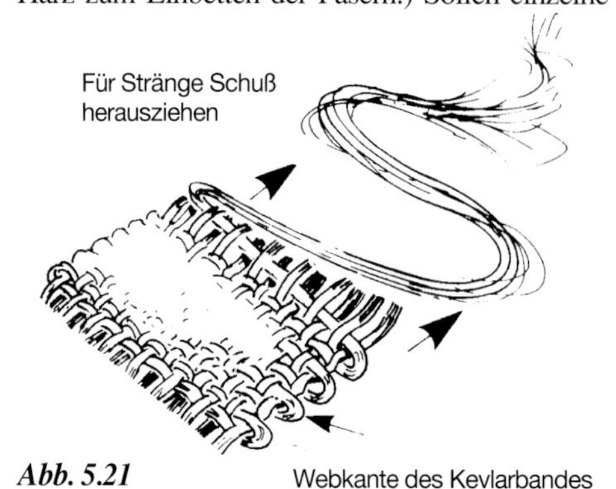

Abb. 5.21

Faserstränge (Rovings) eingesetzt werden, so können diese aus Gewebebändern durch Ausziehen des querlaufenden, durchgehenden »Schusses« aus der längslaufenden »Kette« gewonnen werden, wie es die Abbildung 5.21 zeigt.

Modellbauer, die sich mit Höchstleistungs-Wettbewerbsmodellen befassen, wissen aus Erfahrung, wo sie diese überlegenen Materialien einsetzen können. Nützliche Informationen und Anregungen können auch aus dem Wettbewerbs-Freiflug und von Muskelkraft- und Superleichtflugzeugen bezogen werden. Da die Bestimmung der Belastungsfälle für einen Modellentwurf von individuellen Gegebenheiten abhängt, kann dieses Buch keine speziellen Berechnungen liefern. Es ist jedoch nie verkehrt, Bekanntes und Erprobtes in den Entwurf einzubeziehen und es erst nach und nach entsprechend den eigenen Anforderungen zu verändern. Wirklich neue Methoden sollte man zunächst an einem Probestück untersuchen, das man dazu mit einem anderen in einer mehr orthodoxen Bauweise gefertigten vergleicht.(Anm. d. Übers.: Wer Angaben zu Stärken und Gewichten der oben beschriebenen Materialien und ihre unterschiedliche Eignung zum Laminieren erfahren möchte, kann dies in darauf spezialisierten Veröffentlichungen wie etwa MTB 14 »Moderner Tragflächenbau« nachlesen.)

Rohre und Leitwerksträger

Zur Verwendung als Leitwerkträger und Tragflächenholme geeignete GfK-Rohre sind als Fertigprodukte erhältlich. Unter dem Namen »Ronytube« wird seit Jahren eine Reihe von konischen Rohren speziell für die Flugmodellbauer hergestellt. Sie sind in verschiedenen Längen und Durchmessern erhältlich und waren ursprünglich für Freiflug-Segelmodelle gedacht, wurden seither jedoch auch für Gummimotorflugmodelle verwendet. Für ferngesteuerte Segelmodelle und einige Doppelrumpfmodelle mit Verbrennungs- oder Elektromotor werden die stärkeren Rohre aus dem Sortiment verwendet. Auch Angelruten kommen in Frage, mit oder ohne Kohlenstoffaser-Verstärkung. Alle diese Rohre sind nach hohen Qualitäts- und Festigkeitsmaßtäben gefertigt, die zu erreichen einem Modellbauer schwerfallen dürfte. Wir können uns aber an einigen weniger anspruchsvollen Versionen versuchen, für den Anfang zum Beispiel an Ballastrohren für Segler. Da diese auf der Außenseite nicht glatt zu sein brauchen, können sie nach der folgenden Methode hergestellt werden. Die Ballastrohre müssen zylindrisch sein, also scheiden die im Handel erhältlichen

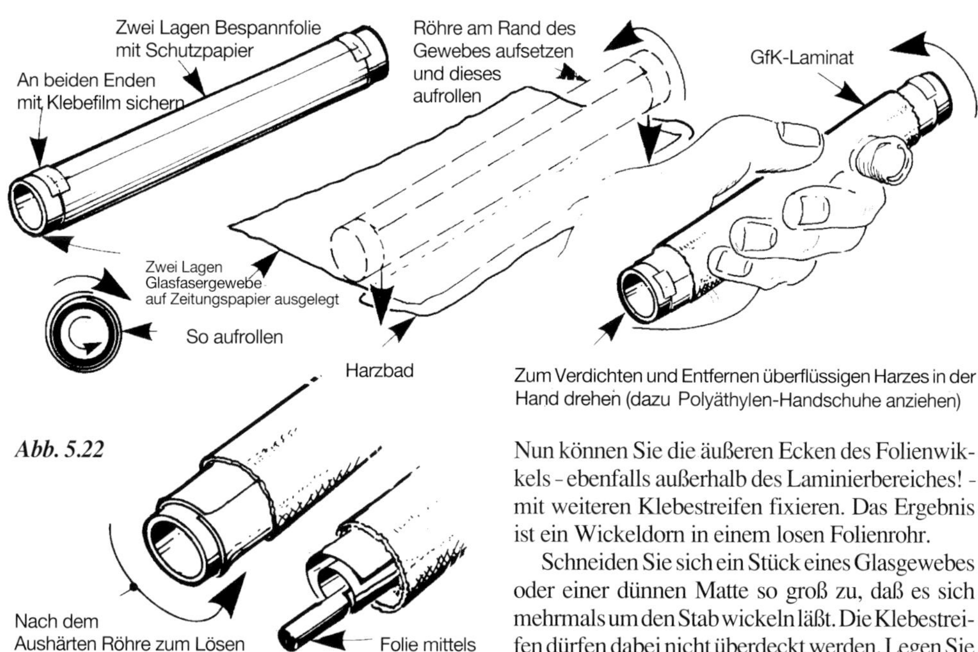

Abb. 5.22

konischen aus, es sei denn, der Ballast wird ebenfalls konisch angefertigt. Er muß satt in den Rohren sitzen, damit er nicht herumwackeln und bei der Landung die Struktur beschädigen kann. Eine Methode zur Herstellung zylindrischer Rohre geht von einem Metallrohr oder einem Holzstab mit einem ähnlichen Durchmesser wie der Ballast aus. Wenn dieser aus einem mit Blei vollgegossenen Metallrohr besteht, dann kann dieses Rohr selbst die Rolle der Positivform übernehmen. (Anm. d. Übers.: Aber nur, wenn es länger als das gewünschte GfK-Rohr ist! Siehe weiter unten. Es kann also leider nicht das Ballastrohr selbst sein!)

Die Skizzenreihe der Abbildung 5.22 stellt die Methode vor. Die größte Bedeutung kommt dabei der Verwendung von Solarfilm oder Zeichenfolie als Trennmittel für das Positiv zu. Rollt man eine Zeichnung zusammen, dann kann die innere Kante leicht nachgeben. Diese Eigenschaft macht man sich bei dem zu beschreibenden Verfahren zunutze.

Befestigen Sie die Folie an beiden Enden des Formrohres mit Klebeband, und zwar außerhalb des Bereiches, der später das Laminat aufnehmen soll. Rollen Sie jetzt die Folie eng auf das Rohr (Anm. d. Übers.: Dieser Schritt steht zwar nicht im Urtext, aber tun Sie's trotzdem, sonst geht's nicht weiter), und lassen Sie sie sich wieder ein wenig lockern.

Nun können Sie die äußeren Ecken des Folienwikkels - ebenfalls außerhalb des Laminierbereiches! - mit weiteren Klebestreifen fixieren. Das Ergebnis ist ein Wickeldorn in einem losen Folienrohr.

Schneiden Sie sich ein Stück eines Glasgewebes oder einer dünnen Matte so groß zu, daß es sich mehrmals um den Stab wickeln läßt. Die Klebestreifen dürfen dabei nicht überdeckt werden. Legen Sie es auf Zeitungspapier, und legen Sie auf diesem entlang der Kante eine Kunstharzraupe von der Länge des Laminates an. Halten Sie nun den Wickeldorn so, daß die Folienendkante oben und auf Sie gerichtet ist, tauchen Sie ihn dann in ganzer Länge in die Harzpfütze, und drehen Sie ihn mit dem nun anhaftenden Stück Gewebe oder Matte so von sich weg, daß dieses aufgewickelt und dabei durch die Harzraupe gezogen wird. In dieser Weise ausgeführt, sollte kein Harz zwischen die Folienlagen dringen. Da in diesem Stadium aber zuviel Harz aufgetragen sein wird, legen Sie, während Sie mit der einen Hand in der gleichen Richtung weiterdrehen, das Ganze in die andere und drücken Sie das überschüssige Harz heraus. Das ergibt eine ziemliche Schweinerei, ist aber notwendig, damit das Rohr später durch die Rippenlöcher paßt. Hängen Sie das Gebilde in senkrechter Lage auf und achten Sie darauf, daß keine Harztränen über die Klebestreifen laufen.

Nach dem Aushärten lösen Sie diese Klebestreifen, und drehen, erstmalig, den Wickeldorn in die entgegengesetzte Richtung. Er sollte dadurch frei werden. Ziehen Sie ihn heraus, befestigen Sie einen der inneren Folienzipfel mit einem weiteren Klebeband an einem dünneren Stück Rundholz, und wickeln Sie die Folie von innen her auf. Nach dem Herausziehen und Ablängen haben Sie ein, oder nach Halbieren, zwei Ballastrohre.

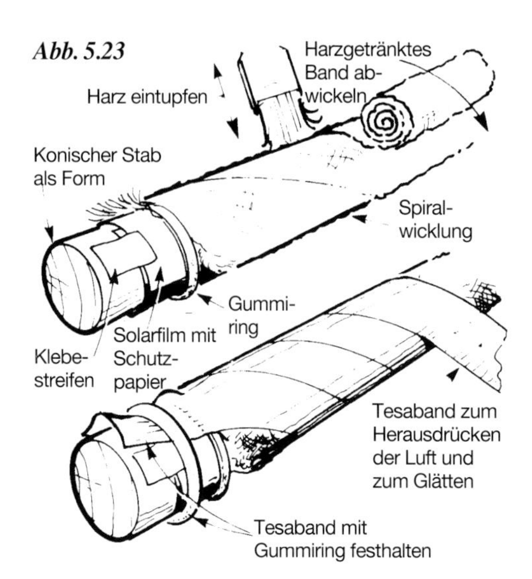

Abb. 5.23

Konische Rumpfträger

Wenn ein Rohr mit einer ausgeprägten Verjüngung angefertigt werden soll, dann kann nach dem gleichen Verfahren mit einem entsprechend konischen Dorn gearbeitet werden, der wieder mit einer Trennfolie umwickelt wird. Nur muß die äußere Oberfläche dann sorgfältiger ausgeführt werden, und das Laminat sollte aus mehr Gewebelagen bestehen.Die Laminatherstellung ist allerdings von der ersten Methode verschieden. Das Gewebe wird in einem fünf bis zehn Zentimeter breiten Streifen zugeschnitten - ein Gewebeband würde einen sichtbaren Stoß hervorrufen - und in einer steilen Spirale auf den Dorn gewickelt. Die gekreuzten Faserstränge bilden dadurch einen geodätischen Verband aus.

Befestigen Sie ein Ende mit einem Klebestreifen und wickeln Sie die erste Lage trocken auf den Dorn. Planen Sie das Laminatrohr von vornherein etwas länger als eigentlich benötigt. Tränken Sie diese Lage mit Harz, und wickeln Sie einen weiteren Streifen in der gleichen Richtung darüber (Anm. d. Übers.: Aber vorzugsweise um eine halbe Sreifenbreite versetzt!), um die erste Lage zu straffen und das Harz durchzudrücken. (Anm. d. Übers.: Gemäß der Abb. 5.23 wäre allerdings ein bereits harzgetränkter zweiter Streifen über den ersten zu wickeln. Die im Text angegebene Weise ist sicherlich die einfachere und daher bessere Methode.) Wickeln Sie sodann unter steter Spannung ein Kreppband oder Tesafilm fest über das Laminat. Das erfordert Übung und ein bißchen Sorgfalt, damit der Klebefilm nicht durch zuviel Harz verschmiert wird und deshalb nicht mehr haftet! Nach dem Aushärten wird infolge der Bindung die Oberfläche erheblich glatter und die Wandstärke gleichmäßiger sein, als beim ersten Verfahren.

Ziehen Sie die Bandwicklung ab, und wickeln Sie zur Verstärkung mehrere harzgetränkte Faserstränge zu einem Ring um das dickere Rohrende. Nach dem vollständigen Aushärten stellten Sie dieses dicke Ende des konischen Rohres auf ein kurzes, dickwandiges Rohrstück oder über ein entsprechend gebohrtes Loch in einem Holzklotz, und lösen den Dorn durch einen scharfen Schlag auf das dünnere Ende. Die Abbildung 5.24 zeigt, wie es gemacht wird. Drehen Sie den Dorn, um ihn von der inneren Trennfolie zu lösen, und wickeln Sie die äußere Folienbandage ab. Reiben Sie den Dorn mit Talkum ein, und stecken Sie ihn als Versteifung wieder in das Laminatrohr, während Sie die GfK-Oberfläche verschleifen und Unebenheiten gegebenenfalls ausspachteln.

Solch ein selbstgefertigter Rumpfträger wird allerdings schwerer sein als ein industriell hergestellter mit gleichen Abmessungen und gleicher Festigkeit.

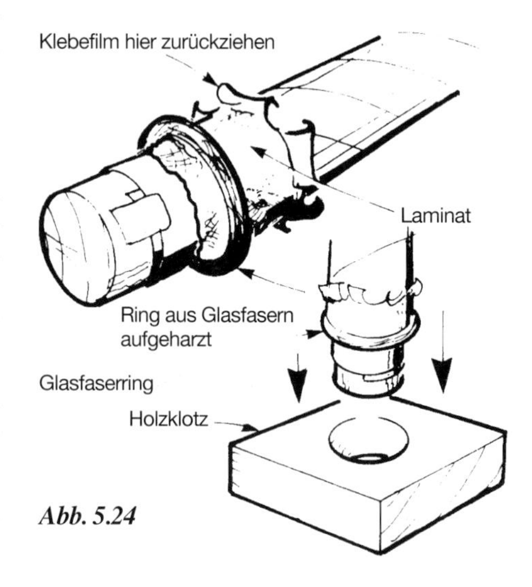

Abb. 5.24

Kapitel 6
Übergänge und Oberflächen-Vorbehandlung

GfK-Oberflächen, also Überzüge aus Glasfasergewebe und Kunstharz, sind haltbar und verstärken das Modell ohne allzugroßen Gewichtszuwachs. Am besten eignen sich dafür vollbeplankte Modelle, wobei man den Festigkeitszuwachs durch die Beschichtung der Außenhaut in einer leichteren Konstruktion des Gerüstes berücksichtigen kann. Dieses braucht also nicht so stark ausgebildet zu werden wie für ein mit Papier oder Kunststoffolie bespanntes Modell.

Abgesehen von der schon früher erwähnten Beschichtung mit GfK kann auch das Ausbilden von Übergängen und die abschließende Grundierung in die nachfolgend beschriebene Methode einbezogen werden. Die erste Stufe erfolgt noch bevor die Flügel- und Leitwerksteile zusammen- und an den Rumpf angebaut sind.

Schleifen Sie alle Oberflächen glatt, aber spachteln Sie kleinere Dellen nicht aus. Überprüfen sie den Sitz am Rumpf und die gegenseitigen Einstellwinkel. Verkleben Sie Tragflächen-und gegebenenfalls Leitwerkshälften miteinander wie in Kapitel 3 beschrieben. Die Übergänge von den Verstärkungsbandagen zur Beplankung werden angeglichen, aber nur leicht überschliffen, um größere Unebenheiten zu entfernen. Die größte Festigkeit wird erzielt, wenn das Gewebe unmittelbar auf der Beplankung aufliegt und nicht auf einem Harzpolster (Abb. 6.1). Sämtliche Bauteile des Modells werden vollständig mit leichtem, zum Beispiel 16 Gramm pro Quadratmeter wiegenden Gewebe überzogen, auch an ihren Verbindungsstellen, wie etwa der Leitwerksmitte (Abb. 6.2). Kleben Sie die Leitwerksteile mit Kunstharz in den Rumpf ein, es verbindet sich dabei mit der Beschichtung und dringt auch in das Hirnholz der Beplankung des Seitenleitwerkes ein und verstärkt es (Abb. 6.3).

Damit auch kleinere Spalte gefüllt werden, mischt man als Füllstoff sogenannte Microballons in das Harz. Das sind winzige Glashohlkugeln (Anm. d. Übers.: Es gibt auch solche aus Phenolharz, die sind braun und leichter), die wie Pulver aussehen. Sie sind einigermaßen preisgünstig von GfK-Lieferanten zu beziehen und vertragen sich sowohl mit

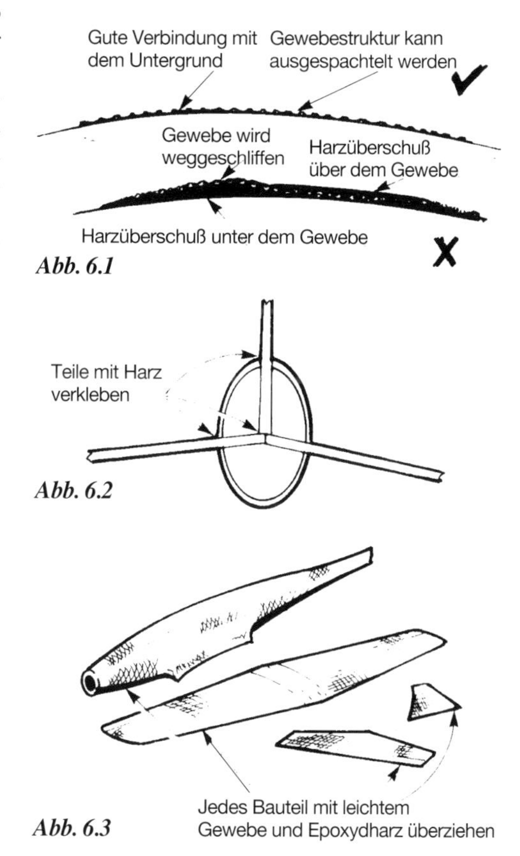

Abb. 6.1

Abb. 6.2

Abb. 6.3

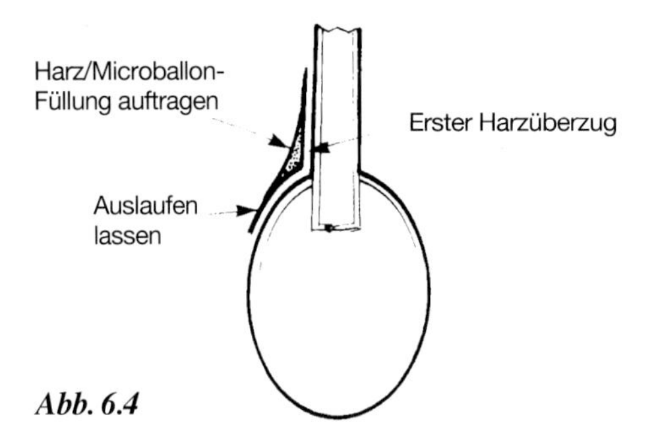

Abb. 6.4

Epoxydharz als auch mit Polyester. Man mengt sie in das bereits angerührte Harz/Härter-Gemisch, zu einer dünnflüssigen Masse von kremiger Konsistenz, wenn sie in Spalten hineinlaufen soll. Soll der Auftrag mit einem Spachtelmesser erfolgen, dann rührt man eine mehr breiige Paste an. Wir sind noch nicht bei der Herstellung von größeren Ausrundungen, es geht bisher nur um den richtigen Sitz und die Befestigung von Baugruppen. Die Ausrundungen und Übergänge müssen warten, bis die Befestigung ausgehärtet ist, sonst riskiert man, die Ausrichtung der Teile zueinander zu stören. Erst danach geht es mit Abbildung 6.4 weiter.

Mischen Sie also einen steifen Brei an, nachdem Sie vorher die Stelle, an welcher er aufgetragen werden soll, noch mit unverdicktem Harz eingestrichen haben. Damit wird eine innige Verbindung sichergestellt. Tragen Sie nun die Paste auf, zum Beispiel mit einem biegsamen Stück Plastik oder mit einem alten Nylonpropeller. (Anm. d. Übers.: Versuchen Sie schon jetzt, die spätere Kontur - mit Übermaß aber einigermaßen genau - herzustellen. Sie ersparen sich damit viel Schleiferei.)

Nach dem Aushärten der Rundung wird sie mit Naßschleifpapier geglättet und bis auf die darunterliegende Harzschicht auslaufend verschliffen, aber

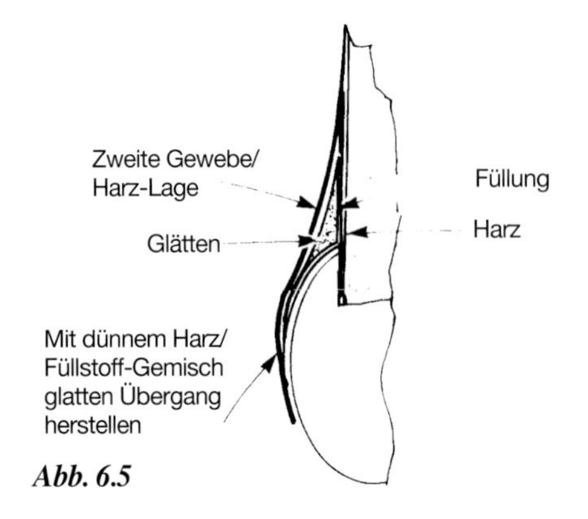

Abb. 6.5

ohne dabei das Gewebe freizulegen! Wenn man vorher ins Harz ein Farbpulver eingerührt hat, läßt es sich leichter kontrollieren, wie weit man schleifen darf.

Als Nächstes ist dem Übergang eine festere Oberfläche zu verleihen, denn obwohl die Microballons aus Glas (oder Harz) bestehen, verringern sie deren Härte (damit das Schleifen leichter geht). Dazu wird eine weitere Lage aus feinem Glasgewebe über die Ausrundung laminiert, und nach dem Aushärten ebenfalls leicht überschliffen (Abb. 6.5).

Nun werden kleine Unebenheiten und Dellen, wieder mit einem Harz/Microballonspachtel, aufgefüllt und ausgeschliffen. In diesem Stadium werden bei Motorflugmodellen auch Motor- und Tankraum mit Kunstharz versiegelt, denn nach den nun folgenden letzten Schritten der Oberflächen-Vorbehandlung sollte man das Risiko von verschmiertem Harz vermeiden.

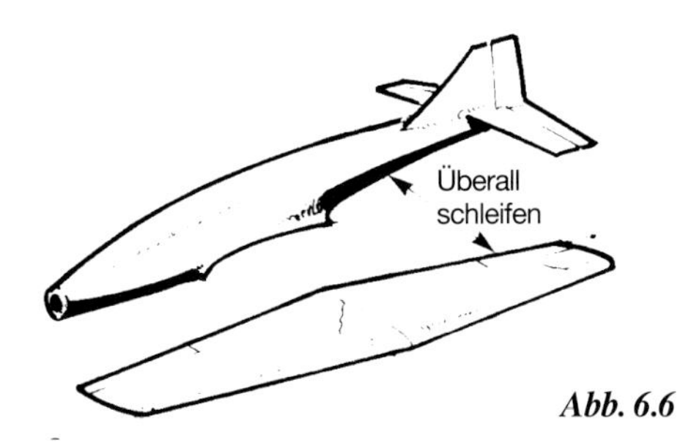

Abb. 6.6

Die Beschichtung des Modells wird wesentlich erleichtert, wenn die Steuerflächen erst nachträglich angebracht werden. Ist dies nicht möglich, müssen Scharniere und Spalte mit einem Gemisch aus Wachs und Terpentin oder mit Möbelhartwachs davor geschützt werden, daß Harz eindringt und die Ruderbeweglichkeit beeinträchtigt. (Anm. d. Übers.: Besser ist es allerdings, Sie machen es möglich. Wenn nämlich beim Auftragen unbemerkt Spritzer dieser Schutzmixtur sonstwo an das Modell geraten, dann gibt es unschöne Sanierungsprobleme, weil darüber das Harz nicht haftet, will sagen, dann können Sie praktisch den ganzen Grundaufbau für das Finish wieder herunterschleifen und nochmal machen.)

Mischen Sie eine genügende Menge Harz mit Microballons zu einer leicht flüssigen Creme und überziehen Sie das ganze Modell mit einer gleichmäßig dünnen Schicht. Für ein großes Modell sind unter Umständen zwei Harzansätze notwendig, um zu vermeiden, daß das Harz angeliert bevor es über die gesamte Oberflächen deckend verstrichen werden kann. Der Auftrag sollte gleichmäßig erfolgen und so dick, daß die Gewebestruktur aufgefüllt wird, ohne daß es zur Bildung von Harzpfützen kommt, die später nur wieder weggeschliffen werden müssten. Nehmen Sie genügend Microballons, um den Fülleffekt zu erreichen, aber wiederum nicht so viel, daß darunter die Streichfähigkeit leidet (Abb. 6.6). (Anm. d. Übers.: Alles klar? Denken Sie auch ans Gewicht! Zwei dünne, zwischendurch geschliffene Schichten sind allemal besser als nur eine dicke.)

Gehen Sie mit dem Modell ins Freie, und schleifen Sie es naß zuerst mit einem Papier mittlerer Körnung, dann mit einem 600er Naßschleifpapier ab. Letzte Fehlstellen werden vor dem endgültigen Feinschliff nochmals mit Harz und Microballons ausgebessert.

Wählen Sie eine Farbenart, die sich mit der soeben fertiggestellten GfK-Grundierung verträgt, und bringen Sie die Farbgrundierung und nachfolgende Farbschichten mit der gleichen Sorgfalt auf. Dazu ist ebenfalls zwischen den Anstrichen mit immer feinerer Körnung naß zu schleifen (Abb. 6.7). Oberflächendetails wie Kanten von Abdeckblechen oder Nietköpfe können vor den letzten Anstrichen, aber erst nach dem letzten Schleifgang angebracht werden. Wenn danach noch kleine Flächen aufgerauht werden müssen damit Farbe auf ihnen hält, dann kann man eine Beschädigung der Details dadurch vermeiden, daß man dazu anstelle von Sandpapier ein Haushaltsscheuerpulver wie »Vim« mit einer weichen Zahnbürste oder einem Läppchen verwendet. Gehen Sie nicht mit Wasser an die kleinen Weißleimtropfen, mit denen Nietköpfe simuliert werden, bevor diese nicht mehrere Tage Zeit zum Trocknen und Hartwerden hatten!

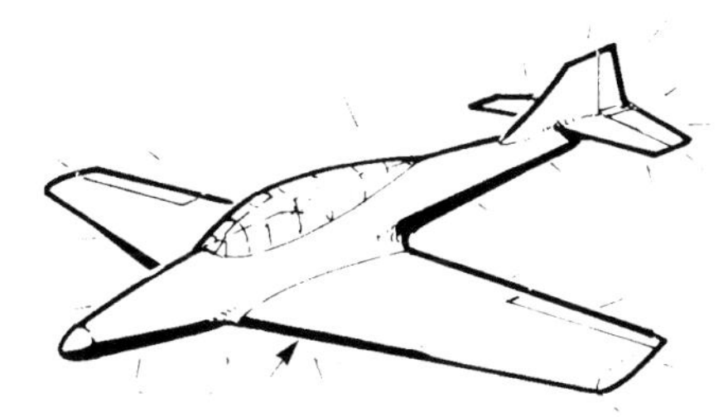

Schlußanstrich mit harzverträglicher Farbe ausführen
Abb. 6.7

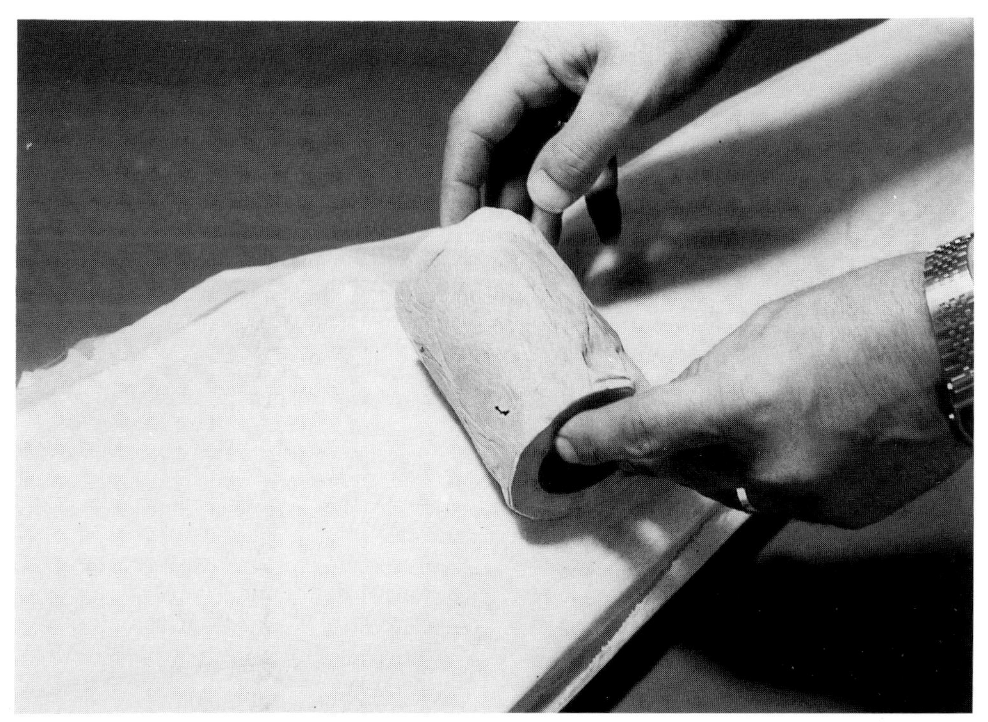

Abb. 6.8 Überschüssiges Harz kann mit weichem Toilettenpapier aufgenommen werden. Vollgesogene Lagen abreißen.

Kapitel 7
Gummiformteile

Pilotenfiguren sind echte Prüfsteine für die Erfindungsgabe wenn es darum geht, einen Satz Negativformen für die Herstellung einer ganzen Figur oder eines Torso aus GfK anzufertigen. Es gibt aber einen viel einfacheren Weg: Aus Latex machen.

Bei der ersten Methode wird die Figur als dünne Schale gegossen, ähnlich wie bei der Herstellung von Tonware mittels Schlicker. Es basiert auf der Verwendung einer Gipsform und von wasserlöslicher mit Füllstoff versehener Latexflüssigkeit. Auch Reifen und kleine Verkleidungen, bei denen Biegsamkeit gefordert ist, lassen sich mittels dieses Verfahrens herstellen.

Wir wollen aber mit einer Pilotenfigur beginnen. Bohren Sie ein Loch in einen Holzklotz und setzen Sie einen Nagel lose ein. Das ergibt das Gerüst, um das herum der Kopf modelliert wird. Nehmen Sie ein gut durchgeknetetes Stück Modelliermasse (Plastilin), oder, wenn Sie mit dem Umgang mit diesem Material vertraut sind, Modellierton. Dieser nimmt beim Trocknen zunächst ein lederartiges Zwischenstadium ein, in dem sich die endgültigen Details herausarbeiten lassen. Dagegen bleibt Plastilin einigermaßen weich, so daß man es nachträglich verändern kann. Ton kann man nur wieder in den weichen Zustand überführen, indem man den nicht mehr benötigten Gegenstand zerbricht und mit etwas eingeknetetem Wasser in einen verschlossenen Plastikbeutel lagert. Später kann er dann wieder zu einer modellierfähigen Masse zusammengeknetet werden.

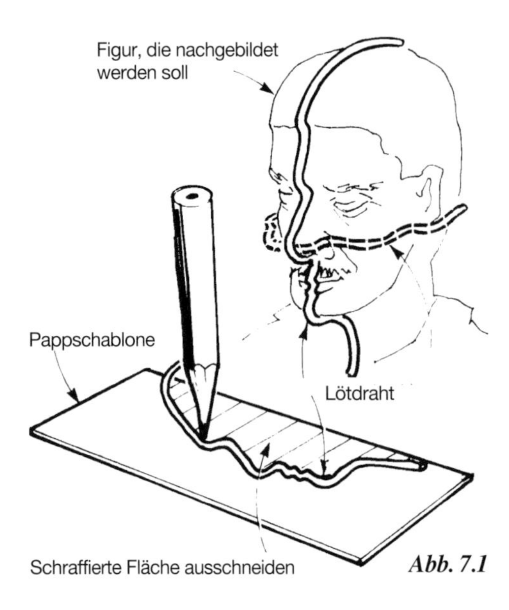

Abb. 7.1

Nehmen Sie sich ausreichend Zeit Photos zu studieren, um realistische Formen und Gesichtszüge zustande zu bringen. Wenn Sie eine geeignete dreidimensionale Vorlage haben, beispielsweise einen »action man« oder eine Mozartbüste, dann können Sie ein Stück Lötdraht um die wesentlichen Konturen der Seitenansicht biegen, auf ein Stück Pappe legen, und mit einem Bleistift die Innenlinie nachziehen, wie es die Abbildung 7.1 zeigt. Schneiden Sie daraus eine Schablone, und wiederholen Sie das Ganze für die Draufsicht. Verwenden Sie nicht den Lötdraht als Schablone, er gerät zu leicht aus der Form.

Eine andere Vorgehensweise besteht darin, mit Zeichentusche oder einem Fettstift Profil und Frontalaufnahme von entsprechend vergrößerten Photographien jeweils auf ein Stück durchsichtigen Kunststoffs zu übertragen. Wenn Sie diese Konturbilder zwischen sich und dem Modell in der Sichtlinie aufstellen, dann können Sie damit Proportionen und Form überprüfen und korrigieren (siehe Abb. 7.2).

Bauen Sie die Figur durch schrittweises Hinzufügen von jeweils kleinen Mengen Materials an einen leicht geneigten, im wesentlichen eiförmigen Grundschädel auf, das ist einfacher als die Konturen aus dem Vollen herauszuarbeiten.

Sorgfalt zahlt sich dabei aus, denn jedes Detail wird von der Form getreulich wiedergegeben. Da die Figur aus Gummi ist, läßt sie sich nicht so einfach durch Wegschnitzen oder Anfügen korrigieren, also müssen glatte Flächen auch wirklich sorgfältig geglättet werden, es dürfen keine losen Teilchen im Gesicht kleben, Schutzbrillen müssen Hinterschneidungen erhalten, in welche später Gläser eingesetzt werden können, Stoffalten müssen wirklich durch Ausrollen und Falten des Materials erzeugt werden, und nicht durch Einkratzen. Die Struktur von Haar kann durch maßstabsgerechte Bürstenstriche erzeugt werden, oder man arbeitet mit Hanf (vom Installateur, der ihn zum Abdichten geschraubter Rohrverbindungen benutzt).

Wenn Sie das Strukturieren von Oberflächen vorher ein wenig üben, werden Sie davor bewahrt bleiben, einen ungenügend vorbereiteten und daher später unbrauchbaren Kopf abzuformen. Bereiten Sie sich dazu auf einem Brett eine Reihe von Ton- oder Plastilinklumpen vor, versehen Sie sie mit den gewünschten Oberflächenstrukturen, und formen diese mit Gips ab. Auf diese Weise machen Sie sich auch gleichzeitig mit dem übrigen Verfahren vertraut. Für die erste »richtige« Abformaufgabe sei empfohlen, den Kopf für sich allein herzustellen, da ein ebenfalls separater Torso später so angefügt werden kann, daß der Kopf eine seitliche Blickrichtung erhält. Das ergibt eine wohltuende Abwechslung von dem meist eingefrorenen, gelegentlich geradezu schreckensstarren Geradeaus-Blick.

Die Form

Wenn Sie mit der Urform aus Ton oder Plastilin zufrieden sind, besorgen Sie sich eine kleine Kartonschachtel oder einen entsprechend großen Plastikbecher. Der Kopf bleibt vorläufig auf seinem Nagel, wie in Abb. 7.3 dargestellt. Geben Sie einige Eßlöffel Wasser in eine Plastikschale und säen Sie unter Umrühren Gips ein, aber nur soviel, daß sich eine kondensmilchähnliche Konsistenz ergibt. Der angerührte Gips soll also dünnflüssig sein und nicht breiig wie Topfen (für Nichtbayern: Quark). Sprenkeln Sie damit die Hinterseite des Modells ganzflächig ein, und versenken Sie dann den Kopf mit dem

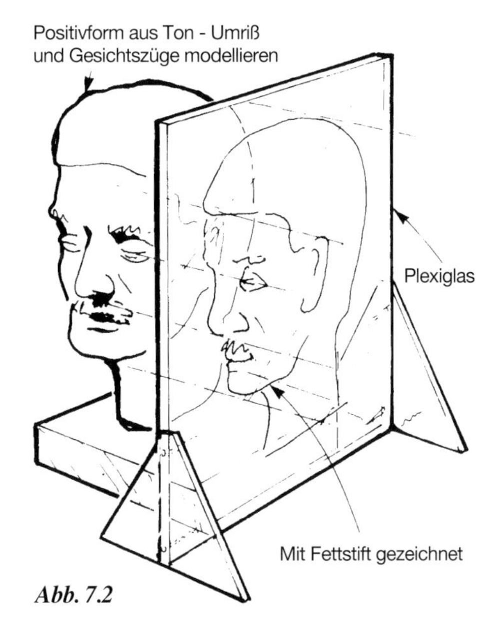

Abb. 7.2

Gesicht nach oben in der Schachtel. Gießen Sie darauf den restlichen Gips rund um den Kopf bis zur halben Höhe in die Form, also so weit, daß er bis an die Ohren drinsteckt. Beklopfen Sie die Form vorsichtig, um Luftblasen zu entfernen, und lassen Sie das Ganze ungefähr eine Stunde lang anziehen. Bohren Sie mit einem Senkbohrer zwei Paß-Vertiefungen; ein spitzes Messer tut es aber auch.

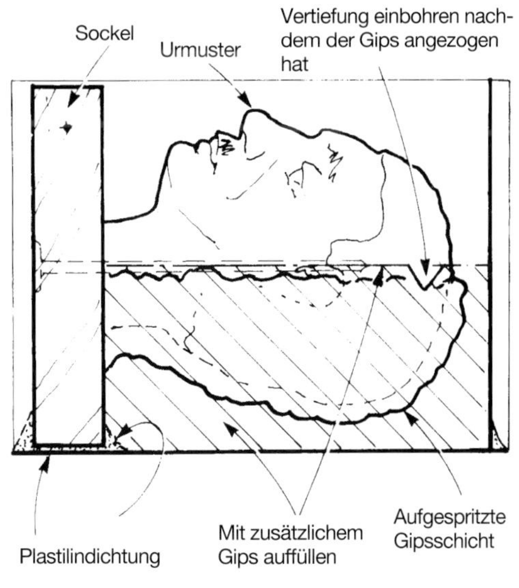

Abb. 7.3

Abb. 7.4 Tonmodell, fertig zum Abformen.

Abb. 7.5 Zwei Figuren frisch aus der Form, noch ohne Bemalung.

Pinseln Sie dann den Gips rund um den Kopf mit ein wenig Spülmittel ein, bis ganz an das Modell heran. Das Spülmittel dient als Trennschicht für die obere Formhälfte. Rühren Sie wieder wie vorher Gips an, und besprenkeln Sie zuerst das freistehende Urmuster, bevor Sie die Form bis zum Rand auffüllen. Große Formen kann man mit in den Gips eingebetteten Mullbinden verstärken. Einen Torso kann man so abformen, wie es die Abb. 7.6 zeigt. Erst wenn der Gips hartgeworden ist, also nach einigen Stunden, kann die Kartonschachtel oder der Plastikbecher entfernt und die Form geöffnet werden. Dabei wird der Ton oder das Plastilin in aller Wahrscheinlichkeit beschädigt werden, aber zu diesem Zeitpunkt hat das Urmuster ja seinen Zweck bereits erfüllt.

Entfernen Sie sorgfältig alle Urmusterreste aus den beiden Formhälften, und schnitzen Sie am Hals eine Öffnung, durch welche die Form beschickt werden kann. (Anm. d. Übers.: Wenn Sie nach Abb. 7.6 gearbeitet haben, sollte sich diese Öffnung aber bereits automatisch ergeben haben!) Stellen Sie die Form über Nacht zum Trocknen beiseite. Am nächsten Tag setzen Sie die Form wieder zusammen, indem Sie Gummiringe um sie spannen. Dann stellen Sie sie mit der Eingießöffnung nach oben bereit (Abb. 7.7).

Die Latexmilch, Type AL360W, wird von Dunlop Semtex Ltd. hergestellt, wo auch die Adresse der nächstgelegenen Verkaufsstelle zu erfragen ist. Das kleinste Gebinde ist eine 5-Liter-Kanne, aber Latex ist nicht teuer und kann außer für den beschriebenen Zweck auch zum Verkleben der Beplankung auf Styroporkernen verwendet werden.

Schütteln Sie die Kanne gut durch und lassen Sie sie anschließend eine Viertelstunde stehen, damit die Luftblasen entweichen können. Danach können Sie die Kanne öffnen und die Latexmilch in die Form gießen. Klopfen Sie wieder leicht an die Form, um auch hier die Luftblasen zum Aufsteigen zu bringen. Die Milch wird von der Form nur langsam aufgenommen, darum kann sie nur allmählich gefüllt werden. Nach vier bis zehn Minuten, je nachdem, wie groß die Wandstärke werden soll, schütten Sie die noch flüssige Latexmilch wieder in die Kanne zurück. Schütteln Sie die Kanne nach dem Verschließen noch einmal kurz durch, damit der Deckel gut abgedichtet wird.

Die nächsten zehn Minuten stellen Sie die Form mit der Öffnung nach unten zum Abtropfen auf, anschließend dauert es bei Raumtemperatur etwa zwei bis drei Stunden, bis der Gummi berührungstrocken ist. Das Austrocknen kann im Backofen bei 60 Grad Celsius auf 15 bis 20 Minuten verkürzt werden.

Das Latex wird an der offenen Seite etwas geschwunden sein. Beim anschließenden, vorsichtigen Öffnen der Form darf der Kopf durchaus zunächst in einer Hälfte verbleiben. Bestäuben Sie ihn innen und außen mit ein wenig Talkumpuder, und lösen Sie ihn vom Trennrand beginnend vorsichtig ganz heraus. Er wird noch sehr weich sein, weshalb er zum Nachhärten wieder zurück in die Form kommt. Einige Stunden später kann er dann unbedenklich angefaßt und verputzt werden, indem mit einer kleinen Schleifscheibe in einer Mini-Bohrmaschine oder mit einer Sandpapierfeile der Gußgrat entfernt wird.

Zum Verkleben des Kopfes mit dem Rumpftorso verwendet man wieder Latex oder Kontaktkleber, zum Bemalen eignen sich besonders Künstlerfarben auf Akrylbasis, da sie wegen ihrer Elastizität bleibend gut haften.

Latexreifen können auf die gleiche Weise hergestellt werden, doch muß die Form dabei fortlaufend gedreht werden, damit eine gleichmäßige Wandstärke erzielt wird und keine Fehlstellen auf der Einfüllseite entstehen (Abb. 7.8).

Einige Hinweise

Die Elastizität des Latex-Formteiles erlaubt es, Hinterschneidungen vorzusehen, wodurch Körper abgebildet werden können, welche in GfK normalerweise nicht sauber zu entformen sind.

Die trockene Gipsform entzieht der Latexmilch das Wasser und läßt dadurch nur das eingedickte Latex zurück. Eine feuchte Form führt folglich bei gleicher Wartezeit vor dem Abgießen der flüssigen Restmenge zu einer im Vergleich geringeren Wandstärke. Beim Schwenken der Form wird außerdem das angesammelte Latex wieder abgewaschen, wodurch Fehlstellen und Löcher entstehen. Große Blasen führen bei geringer Wandstärke ebenfalls zu Löchern im Formteil. Kontrollieren Sie daher die Innenseite noch einmal, bevor Sie die Form endgültig zum Trocknen wegstellen, und bessern Sie Fehlstellen und Blasen mit einigen Tropfen Latex aus.

Bei einigen Ballonreifen-Querschnitten versagt der Guß in einem Stück. Versuchen Sie es in diesem Fall mit offenen Halbformen, und kleben Sie die Reifenhälften dann mit Kontakt- oder Sekundenkleber zusammen. Verstärken Sie die Innenseite mit zusätzlichem Latex oder Silikonkautschuk- beziehungsweise Bostik-Gummidichtungsmasse für Bäder. Die Reifen können mit schwarzer Reifenfarbe (Autozubehör) gestrichen werden.

Beim Abformen braucht man sich nicht auf den Reifen zu beschränken, auch die Felge einschließ-

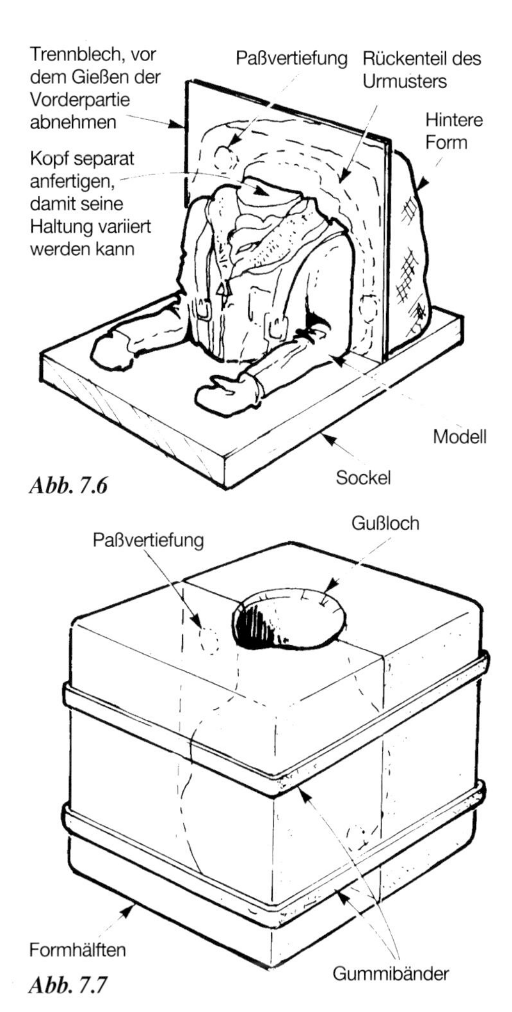

Abb. 7.6

Abb. 7.7

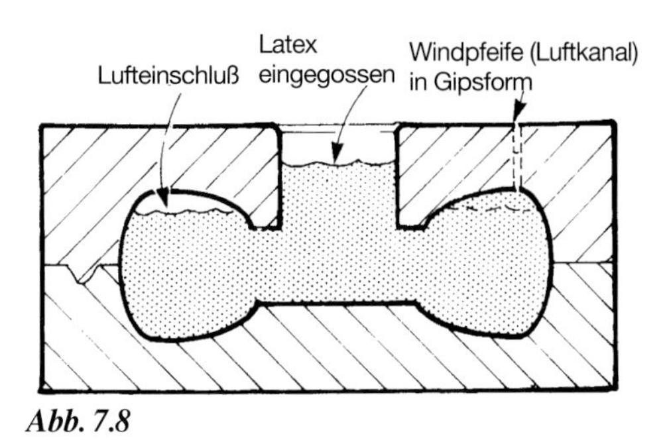

Abb. 7.8

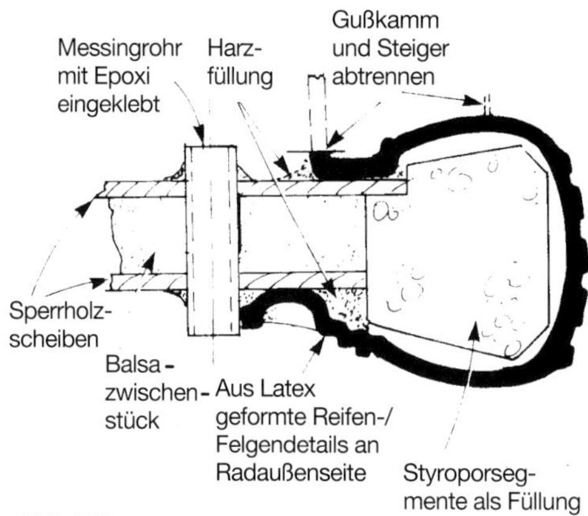

Abb. 7.9

Abb. 7.10 Das Endergebnis hängt nicht nur von einer guten Form, sondern genauso von der Fertigkeit ab, mit der die Gegenstände bemalt werden.

lich kleiner Details wie Muttern kann in Latex abgebildet werden. Das fertige Formteil wird dann im Felgenbereich innen mit GfK verstärkt und mit einem Messingrohr ausgebüchst (Abb. 7.9).

Teile aus Silikonkautschuk

Silikonkautschuk ist dauerhafter und elastischer als Latex, und härtet an der freien Luft bei Raumtemperatur aus. Er ist als Dichtungsmittel für Bäder in großen Tuben (meist mit Kolben) und in verschiedenen Farben im Handel, wobei für Reifen natürlich nur Schwarz in Frage kommt. Als Beschaffungsquelle seien Installateurgeschäfte und Heimwerkermärkte angeführt.

Gipsformen können für Silikonkautschuk durchaus verwendet werden, besser und haltbarer sind jedoch Formen aus GfK, deren Herstellung bereits abgehandelt wurde.

Kapitel 8
GfK-Reparaturen

Wenn es einmal gekracht hat, gibt es wenige andere Materialien, die sich so gut wie Glasfaserwerkstoffe und Kunstharz dazu eignen, ein beschädigtes Flugmodell zu verstärken. Für sich allein wird 5-Minuten-Epoxy bereits seit Jahren für Flugfeldreparaturen an Teilen aus Balsa oder anderen klassischen Werkstoffen verwendet. Aber nur wenige Modellbauer haben bisher dazu auch Glasfasergewebe in ihre Flugfeldkiste aufgenommen.
Dieses Kapitel soll nicht nur »Schnellreparaturen« behandeln, sondern auch eine Anleitung für solche Aufgaben liefern, bei denen für eine genaue und sichere Reparatur eine Werkstätte und entsprechende Hilfsmittel erforderlich sind.

Flugfeld-Schnellreparaturen

Von der Antwort auf die zwei folgenden Fragen hängt es ab, ob der Epoxykleber halten wird: Ist die beschädigte Stelle naß, oder ist sie gar mit Kraftstoff vollgesogen? An einem typischen, häßlichen, feuchten Flugtag wird das Modell erst einmal an der mit Volldampf laufenden Autoheizung ausgetrocknet werden müssen. Wenn das Modell gut durchgewärmt ist, dann zieht das Epoxydharz auch bereitwillig in das Holz ein, andernfalls bleibt es als glänzender Überzug an der Oberfläche sitzen und bringt nur zusätzliches Gewicht, aber kaum Festigkeit.
Entleeren Sie bei einem Motorflugmodell erst einmal den Tank, damit nicht noch mehr Öl an die Reparaturstelle gelangt. Ziehen Sie abgelöste Bügelfolie ganz ab, da sich unter ihr womöglich weitere Schäden verbergen und sie doch nur Kraftstoff und Verbrennungsrückstände aufsaugt und auch sonst im Wege ist. Wo Öl ist, hält der Epoxykleber nicht; reinigen Sie daher die betreffende Stelle vorher mit einem Fettlösemittel wie Feuerzeugbenzin oder Tetrachlorkohlenstoff. In England wird seit Jahren sowohl zum Kleiderreinigen wie für Flugfeldreparaturen anstelle von Tetrachlorkohlenstoff »Thawpit« verwendet. (Anm. d.Übers.: Versuchen Sie es mit dem Reinigungsmittel »Fleck-Fips», das dem Geruch nach nichts anderes als Tetrachlorkohlenstoff ist und prima funktioniert. Auch das – falls nötig – mehrmalige Auftragen beziehungsweise Einreiben von K2R-Paste ergibt sehr gute Resultate, da sie beim Trocknen das Öl aus dem Holz gleich aufsaugt und danach nur noch abgebürstet zu werden braucht. Mit Nitroverdünnung kann man nicht nur das Holz von Öl reinigen, sie eignet sich auch zum Ablösen der Bügelfolie und zum Auswaschen des Harzes aus dem Pinsel – falls es noch nicht ausgehärtet ist).
Schwammige und aufgeweichte Holzpartien müssen so weit weggeschnitten werden, bis darunter – hoffentlich – sauberes Holz zum Vorschein kommt oder wenigstens das Reinigen noch Erfolg verspricht. Danach kann zum Beispiel eine gebrochene Nasenleiste oder ein Stringer durch Einschäften eines neuen Holzstückes mittels Epoxy unter gleichzeitigem Einharzen einiger Glasrovings, die man dazu aus einem Stück Gewebe zupft, wieder auf die nötige Festigkeit gebracht werden.

Grenzfälle

Die Reparatur unbedeutender Dellen und Schrammen, angeknaxter Hilfsholme und kleinerer Risse in der Beplankung kann man auf dem Flugfeld angehen, aber Reparaturen an beplankten Schaumstoffflächen, von Hauptholmen oder im Motorbereich sollte man nur zuhause vornehmen, nachdem man den Flugfeldstress des »Fliegenmüssens« hinter sich gelassen hat. Unter solchen Umständen auf dem Flugfeld eine Reparatur an einem Motor- oder gar vorbildgetreuen Modell vorzunehmen, könnte zum Verlust des eigenen Modells, zur Beschädigung anderer Modelle oder zu noch Schlimmerem, nämlich Körperverletzung Dritter führen. Außerdem kann man in der eigenen Werkstatt mit den entsprechenden Werkzeugen und Vorrichtungen eine dauerhafte und saubere Reparatur mit geringstmöglichem Gewichtszuwachs vornehmen, und braucht nicht erst vorher das Flugfeldprovisorium wieder zu entfernen.

Kleine Dellen

Unter Berücksichtigung des oben Gesagten kann man auf dem Flugplatz zur Reparatur kleiner Dellen oder Risse eines der Autoreparatur-Spachtelharze verwenden, das man dazu gut in das Balsaholz einmassiert und nach dem Aushärten glattschabt und schleift. Ein Stück Klebeband schützt die Stelle anschließend vor Wind, Wetter und Öl, bis die Reparatur mit Feinschliff, Farbe oder einem Stück Bügelfolie abgeschlossen werden kann.
Beachten Sie aber dabei, daß die meisten dieser Spachtelmassen aus Polyesterharz bestehen und sich mit Epoxydharz manchmal nur unzulänglich verbinden. Sekundenkleber ergeben eine feste Verbindung. Sie eignen sich auch hervorragend als Matrix zum Wiedereinbinden von Glasfasern, die sich an der Schadstelle durch Splittern des Polyester- oder Epoxydharzes aus dem Verband gelöst haben.

Größere Reparaturen

Stellen Sie zunächst zuhause fest, ob eine Reparatur möglich ist. Manchmal ist es sicherer, gleich ein neues Teil zu bauen, vor allem bei Schaumstoff-Tragflächen, wenn diese weiter innen als etwa ein Achtel der Spannweite beschädigt sind, von der Flügelspitze aus gemessen. Die Beanspruchung eines Tragflügels beim Kunstflug oder während des Hochstarts wird allzuleicht unterschätzt. Man sollte auch bedenken, daß die Reparatur möglicherweise länger dauert als ein Neubau, vor allem wenn die Beschädigung durch Stauchen eingetreten ist. Nehmen Sie sich also vor, nur leicht beanspruchte Flügel zu reparieren, und auch diese nur im äußeren Spannweitenbereich, wie oben eingegrenzt.
Bei beschädigten Nasenleisten schneidet man die gesamte Bruchstelle einschließlich der Beplankung keilförmig so weit aus, bis »gesundes« Kernmaterial erscheint. Anschließend wird mit einer scharfen Klinge das Beplankungsfurnier geradlinig zurückgeschnitten und eine ebene Verbindungsfläche hergestellt, damit sich eine möglichst dünne Klebenaht ergibt.
Danach wird aus Styropor von annähernd gleicher Dichte wie das Kernmaterial ein Keil eingepaßt und mit Epoxy verklebt. (Anm. d. Übers.: Nehmen Sie keinen Weißleim! Der ist nämlich nach Jahren innen unter seiner dünnen PVA-Haut noch genauso flüssig wie am ersten Tag, da er von dieser Haut hermetisch eingeschlossen wird und das Wasser weder Gelegenheit hat zu verdunsten, noch nennenswert vom Styropor aufgenommen wird.) Durch gegebenenfalls in das Harz eingerührte Microballons werden Spalten ausgefüllt ohne daß die Festigkeit darunter leidet (die ohnehin viel größer ist als diejenige von Styropor).
Schleifen Sie den Styroporkeil in Profilform (Abb. 8.1), und schäften Sie ein neues Stück Nasenleiste

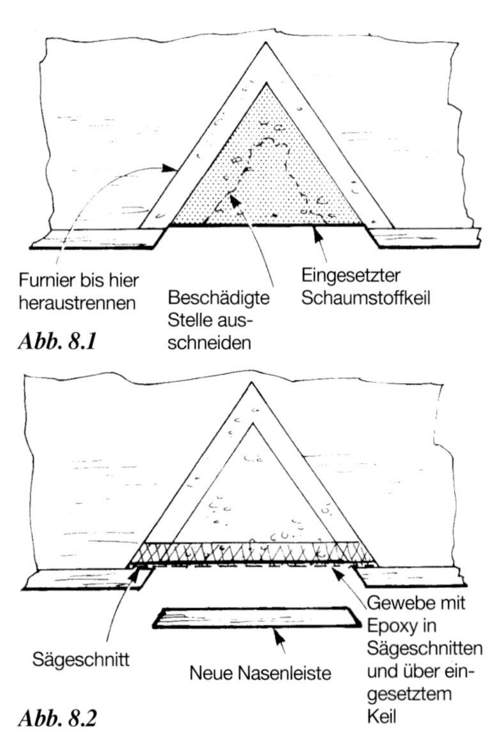

Abb. 8.1

Abb. 8.2

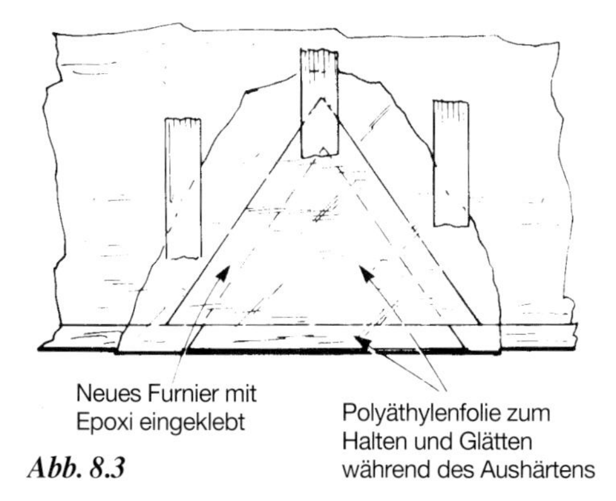

Abb. 8.3

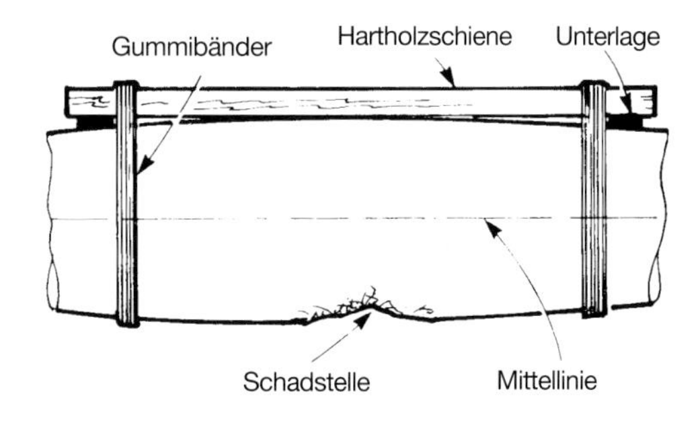

Abb. 8.5

ein. Anschließend schlitzen Sie mit einem feinen Sägeblatt den Kern beiderseits der Schäftstelle und praktizieren mit Hilfe eines dünnen Metall- oder Kartonstreifens ein harzgetränktes Stück Glasfasergewebe mit ordentlich ausgerichteten Fasern als Verstärkung für die Verbindungsstelle in diese Schlitze (Abb. 8.2). Falten Sie den Gewebestreifen oben und unten über den eingesetzten Kern und kleben Sie möglichst gleichzeitig die neue Nasenleiste mit ein, auf jeden Fall aber noch bevor das Harz geliert. Wenn danach noch genügend Zeit dafür ist, kann auch gleich die neue Beplankung mit aufgebracht werden, ansonsten muß das umgefaltete Gewebe mit einem Stück Polyäthylenfolie und Klebeband straff auf dem Kern befestigt werden (Abb. 8.3). Die Beplankung kann mit Sekundenkleber stumpf eingeklebt werden, aber seien Sie sparsam damit, denn das Lösungsmittel der Cyanacrylatkleber greift das Styropor an!

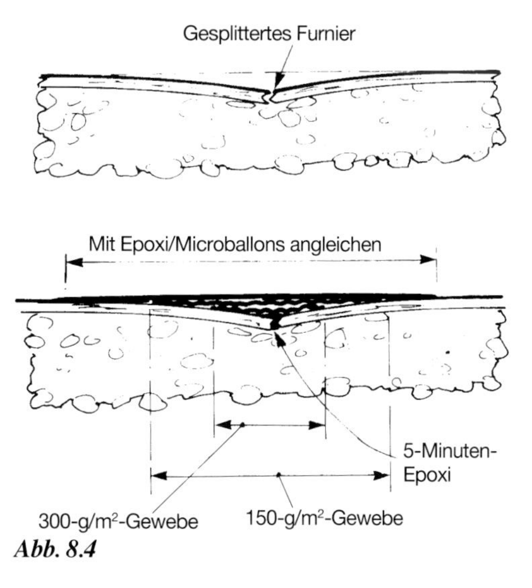

Abb. 8.4

Wenn die beschädigte Beplankung nur leicht gesplittert und gestaucht ist, der Kern selbst aber einem Fingerdruck noch widersteht, dann kann die schadhafte Stelle durch Auflaminieren von Glasfasergewebe mit Epoxydharz ausgebessert und verstärkt werden. Mischen Sie ausreichend Mikroballons in das Harz, so daß das Gewebe gefüllt wird und sich keine Schwachstelle ergibt, sondern ein allmählicher Übergang zwischen Beplankung und Verstärkung. Abbildung 8.4 zeigt die Einzelheiten.

Reparatur an GfK-Teilen

Die Oberfläche von Glasfaserrümpfen kann durch übermäßige Biegung oder durch einen harten Stoß Schaden erleiden. Dabei splittert die äußere Harzschicht, was sich bei eingefärbtem Harz durch eine hellere Tönung des »Gelcoat« bemerkbar macht. Im allgemeinen dringt aufgeträufelter Sekundenkleber in die feinen Risse ein und stellt die ursprüngliche Festigkeit wieder her. Die schadhafte Stelle darf aber vorher nicht geschliffen werden, sonst verhindert der Schleifstaub, daß der Kleber in die feinen Haarrisse eindringt. Aus diesem Grunde soll man dazu auch nur die dünnflüssigen, und nicht die eingedickten Klebersorten verwenden.
Auch Nahtrisse bei Halbschalenrümpfen lassen sich mit Sekundenkleber reparieren. Wenn sich aber ein solcher Rumpf mit geplatzter Naht zusätzlich auch noch verwinden läßt, dann reicht Sekundenkleber allein nicht mehr aus. Er wird dann nur dazu eingesetzt, die Halbschalen zu fixieren, während die Verklebung selbst wie in Kapitel 4 beschrieben vorgenommen wird.

Wenn die Beschädigung der Deckharzschicht so weit geht, daß Teile von ihr abplatzen. dann ist dies ein untrügliches Zeichen dafür, daß das Laminat insgesamt geschwächt ist. Harz würde in die feinen Zwischenräume zwischen den delaminierten oder gebrochenen Glasfasern nicht tief genug eindringen. Träufeln Sie also auch in diesem Falle zuerst Sekundenkleber auf die Bruchstelle(n), um die Glasfasern wieder im Laminat zu befestigen, bevor Sie mit Harz und Mikroballons die Oberfläche wieder herstellen. Verwenden Sie dazu unbedingt den gleichen Harztyp wie für das Laminat.

Falls der Rumpf oder Leitwerksträger verbogen ist, dann ist mit Sicherheit eine der Seiten eingeknickt. Für die Behebung eines derartigen Schadens muß der Rumpf in einer aus Leisten hergestellten Reparaturhelling fixiert werden, oder man fertigt sich eine »Bruchschiene« aus einem entsprechend dimensionierten Vierkantholz. Das funktioniert aber nur bei gerade verlaufenden Rumpfseiten oder konischen Leitwerksträgern. Wenn die Seiten nahe der Bruchstelle mehrfach gekrümmt sind, müssen Keile wie in Abbildung 8.5 dargestellt eingesetzt werden, um den Rumpf in seiner Achse auszurichten. Die Glasfasern werden wieder mit Cyanacrylatkleber befestigt, nachdem die eingeknickte Seitenwand mit einem an einer Leiste befestigten Stück Schaumstoff nach außen gedrückt wurde. Natürlich ist das eine kitzlige Angelegenheit, und man sollte sich die Arbeit dadurch erleichtern, daß man etwaige Stoßstangen vorher entfernt; wahrscheinlich sind sie ohnehin ebenfalls verbogen oder gebrochen.

Wenn Sie an die Delle von innen nicht herankommen, dann müssen Sie dort ein Loch bohren und einen zu einem Haken gebogenen Draht einführen,

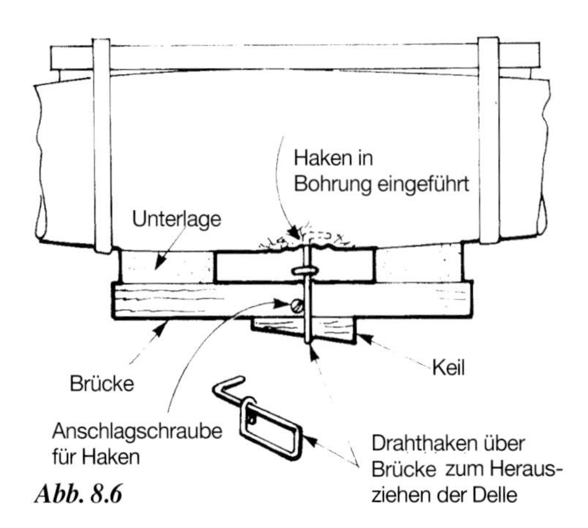

Abb. 8.6

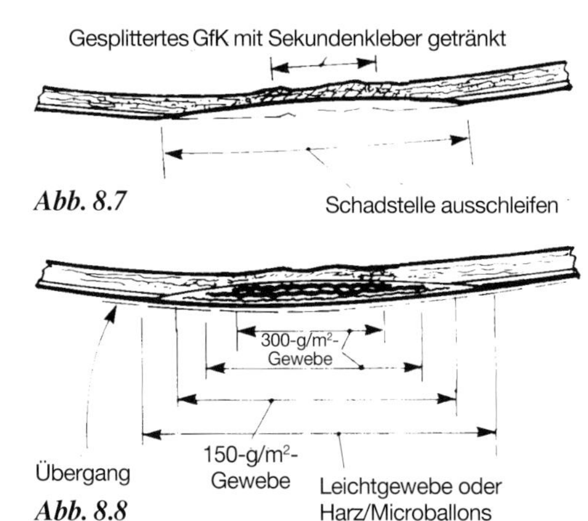

Abb. 8.7

Abb. 8.8

der mit einer weiteren Schiene und einem Keil befestigt wird, wie es die Abbildung 8.6 zeigt. Der dann aufgetropfte Sekundenkleber muß völlig hart sein, bevor an den Glasfasern geschnitten oder geschliffen werden kann. Er befestigt die freigelegten Faserenden und verhindert, daß sie ausfransen, während die Schadstelle zur Aufnahme der GfK-Verstärkung vorbereitet wird (Abb. 8.7).

Für einen sauberen Übergang schleift man neben der reparierten Stelle die Deckharzschicht etwas zurück, befestigt eventuell freigelegte Glasfasern wieder mit Sekundenkleber, und legt dann dünnes Glasgewebe mit Harz und Mikroballons auf. Darüber kommt eine Bandage aus Polyäthylen, damit das Ganze glatt wird (Abb. 8.8). Das Glasfasergewebe schmiegt sich an die Rumpfform besser an, wenn es unter einem Winkel von 45 Grad geschnitten ist. Vergewissern Sie sich, daß es voll mit Harz getränkt ist, und verwenden Sie nicht allzuviel von den Mikroballons. Den Abschluß bilden dann das Spachteln und Schleifen mit zunehmend feinerem Schleifpapier.

Totalbrüche

Bauen Sie alle Gestänge und Kabel aus. Schneiden Sie alle losen Teile mit einem Messer oder einer Blechschere weg, verwenden Sie dazu keine Elektrowerkzeuge, da diese zuviel Glasstaub erzeugen und herumschleudern. Schleifen Sie die Bruchstellen innen und außen leicht an, und säubern Sie sie mit Nitroverdünnung.

Messen Sie im Bauplan die Rumpflänge nach und stellen Sie fest, wieviel eingefügt werden muß.

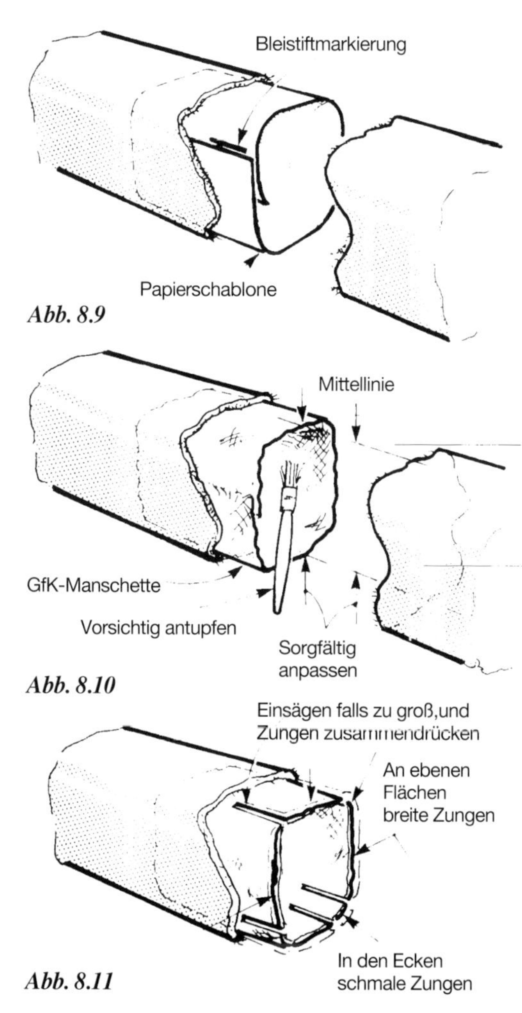

Abb. 8.9

Abb. 8.10

Abb. 8.11

Markieren Sie die Endpunkte auf Ihrem Baubrett. Schieben Sie ein Stück Papier in den größeren Rumpfteil und markieren Sie darauf den Innenumfang des anzufertigenden Zwischenstückes. Sehen Sie auf beiden Seiten der Bruchkante zusätzlich etwa drei Zentimeter Länge vor, und lassen Sie später die Innenbandage auch am Umfang ein wenig überlappen. Die in der Abbildung 8.9 dargestellte Methode funktioniert für nahezu alle Rumpfquerschnitte.

Nach der Papierschablone wird dann 300-g/qm-Gewebe unter 45 Grad zugeschnitten, mit Harz getränkt, und in den größeren Rumpfteil eingeführt, wobei die Überlappung so lange vergrößert wird, bis die Manschette auch in den kleineren Teil paßt. Dies geschieht nach Augenmaß, damit die andere Rumpfhälfte nicht mit Harz verschmiert wird, und möglichst ohne die Manschette zu deformieren, da diese nach dem Aushärten den kleineren Rumpfteil wie ein Zentrierzapfen aufnehmen soll (Abb. 8.10). Wenn dieser »Zapfen« allerdings so lang wird, daß die Manschette im Anfangsstadium beim Einschieben nicht steif genug wäre, wird man den Zuschnitt des Glasfasergewebes vorteilhafterweise rechtwinkelig und nicht unter 45 Grad vornehmen.

Nach dem Aushärten wird der »Zapfen« angepaßt. Sitzt er zu locker, wickelt man nochmals ein oder zwei Lagen eines dünnen Gewebes auf und läßt das Laminat wieder aushärten. Ist er dagegen zu groß, dann wird er mit einer feinen Säge der Länge nach so oft (Anm. d. Übers.: symmetrisch!) geschlitzt, bis er genügend zusammengedrückt und dann hineingeschoben werden kann. Man führt dieses Anpassen am besten aus, bevor das Harz voll durchgehärtet ist, aber nicht ehe es genügend angezogen hat, so daß keine Gefahr mehr besteht, daß sich das Laminat von der Rumpfinnenwand wieder ablöst. Die Abbildung 8.11 zeigt dieses Schlitzen des Anpaßstückes.

Paßt alles zur Zufriedenheit, dann werden die beiden Teile unter Harzbeigabe zusammengesteckt

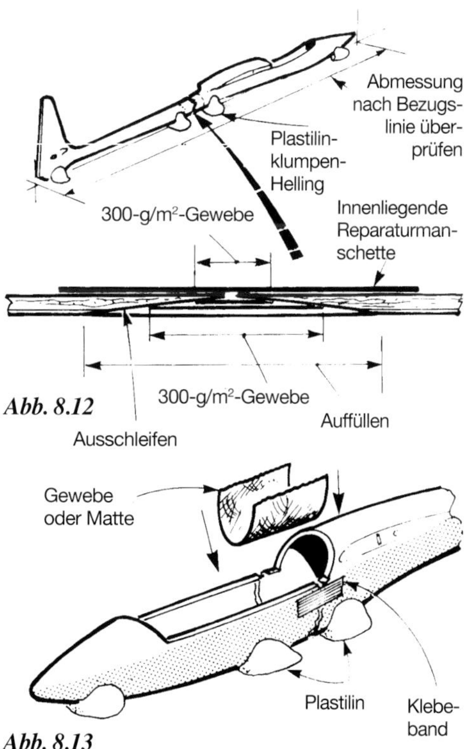

Abb. 8.12

Abb. 8.13

und mit Keilen, Schienen, Holzklötzen oder Plastilinklumpen in der richtigen Lage entsprechend den vorher auf dem Baubrett angebrachten Markierungen fixiert (Abb. 8.12).
Nach dem vollständigen Aushärten kann der Rumpf aufgenommen werden und rundherum mit einer groben Halbrundfeile eine Vertiefung eingefeilt bekommen, in die eine Außenmanschette eingebettet werden kann. Zuerst werden wieder mittels Sekundenkleber etwaige lose Fasern gebunden, dann wird rundherum an der tiefsten Stelle der eingefeilten Rinne ein schmaler Streifen aus 150-g/qm-Gewebe eingeharzt, unmittelbar gefolgt von einem breiten Streifen des gleichen Gewebes, damit ein allmählicher Übergang sowohl für eine günstige Lastverteilung als auch für das Angleichen der Materialdicke entsteht. Nach dem Aushärten erfolgt die Fertigstellung wie weiter oben beschrieben.
Sollte der Bruch in der Nähe einer Rumpföffnung erfolgt sein, zum Beispiel an einer Rumpfklappe oder am Kabinenausschnitt, also dort wo die Bruchkanten vom Inneren her gut zugänglich sind, dann kann nach Abbildung 8.13 verfahren werden und dem mit Plastilin in seiner Lage festgelegten Rumpf eine dünne Glasfasermatte oder 300-g/qm-Gewebe einlaminiert werden. Ansonsten sind die Arbeitsgänge gleich.

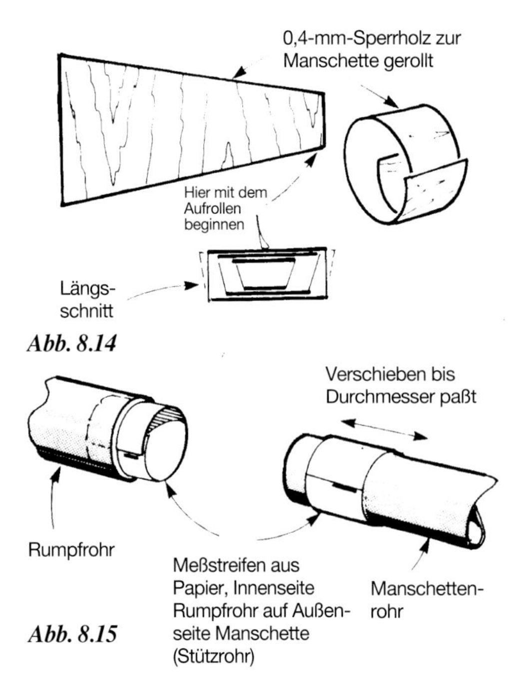

Abb. 8.14

Abb. 8.15

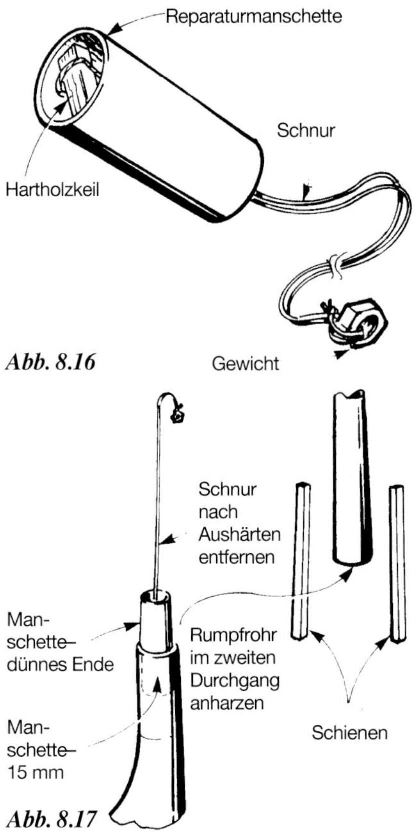

Abb. 8.16

Abb. 8.17

Reparatur von gebrochenen Leitwerksträgern

Ein durchgebrochenes GfK-Rohr kann folgendermaßen repariert werden:
1. Man setzt ein passendes neues Zwischenstück (Ronytube) ein - wahrscheinlich wäre es einfacher, gleich einen neuen Leitwerksträger einzubauen, zumal wenn das Ersatzstück ohnehin gekauft werden muß, aber vielleicht haben Sie ja noch ein Abfallstück von einem ausgesonderten Modell.
2. Man wickelt sich aus 0,4-mm-Sperrholz ein Rohr wie in Abbildung 8.14 gezeichnet und verwendet es als Aufnahme und Verstärkung.
Manche Keulenrümpfe sind inwendig so aufgebaut, daß man von dort an den Anschluß des Leitwerkträgers nicht mehr herankommt. Wenn Ihr Modell NICHT von dieser Art ist, können Sie folgendermaßen verfahren: Schneiden Sie sich einen Rohrabschnitt zurecht, der in beide Seiten des gebrochenen Rohrträgers paßt.Das geht ganz ein-

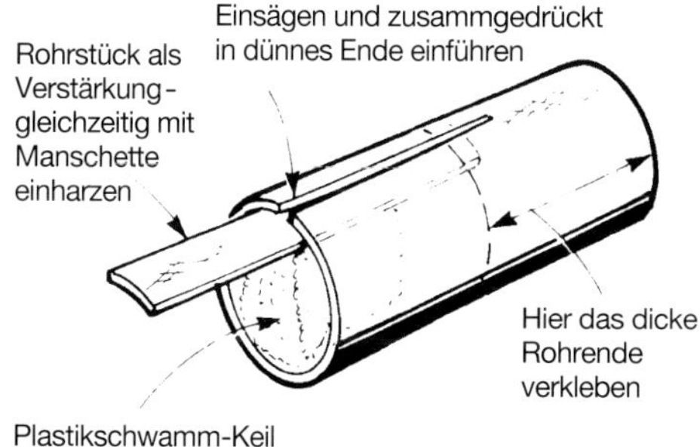

Abb. 8.18

fach, indem man einen Papierstreifen zusammenrollt und ihn wie in der Abbildung 8.15 gezeigt in das abgebrochene Rohr einführt. Machen Sie dort, wo das Papier überlappt, eine Bleistiftmarkierung, und benutzen Sie diesen markierten Papierstreifen als Meßinstrument für den Außenumfang des Einsteckrohres. Die Papierdicke liefert dabei den nötigen Freiraum für den Klebstoff.
Die Länge des Einsteckrohres sollte ungefähr das Dreifache des Durchmessers betragen. Verkeilen Sie ein Stück Kiefernleiste am dickeren Ende, schlingen Sie eine Schnur darum, und fädeln Sie diese Schnur zuerst durch das Einsteckrohr (Abb. 8.16) und dann von vorne durch Rumpf und den abgebrochenen Rohrträger nach hinten. Eine als Gewicht eingeknüpfte Schraubenmutter hilft dabei. Ziehen Sie den Rohrstummel durch, bis er an der Bruchstelle anliegt. Wenn er gut paßt, schieben Sie ihn wieder in die Rumpfkeule zurück und befestigen das Schnurende mit einem Klebeband außen am Leitwerksträger. Nun kann die Außenseite des Einsteckstummels mit Harz eingestrichen werden. (Anm. d. Übers.: Mit einem Pfeifenreiniger oder Ähnlichem kann man auch das dünnste Leitwerksrohr an der Bruchstelle von INNEN mit Harz versehen. Dadurch stellt man sicher, daß das Harz auch wirklich dort ist, wo man es braucht, nämlich an der Reparaturstelle, und nicht unkontrolliert irgendwo unterwegs abgestreift wurde.) Halten Sie den Rumpf mit der Nase nach oben, und ziehen Sie das Einsteckrohr nach hinten (Abb. 8.17). Wischen Sie überschüssiges Harz von dem herausstehenden Rohrende ab, und überprüfen Sie es auf geraden Sitz. Lassen Sie das Harz aushärten, entfernen Sie Schnur und Leistenstück, streichen Sie den Aufnahmestummel mit Harz ein, und schieben Sie den hinteren Leitwerksträger in der richtigen Position auf den Aufnahmezapfen auf. Mit »Bruchschienen« wird er dann bis zum vollständigen Aushärten in seiner Lage festgehalten. Abschließend muß nur noch die Naht ausgespachtelt, verschliffen und gestrichen werden.
Wenn das Verstärkungsrohr nicht von vorne in das Rumpfinnere eingeschoben werden kann, dann wird es der Länge nach geschlitzt, zusammengedrückt und von hinten in den mit Harz versehenen Rohrträger eingeführt. Durch das Schlitzen büßt das Einsteckrohr etwas an Festigkeit ein. Ein wie in Abbildung 8.18 innen über den Schlitz geharztes weiteres längsgeschnittenes Rohrstück schafft Abhilfe. Außerdem kann das geschlitzte Rohrstück länger gewählt werden, zum Beispiel vier anstelle von drei Durchmessern lang.

Anhang 1
Tips und Kniffe

Anstatt in jedem Kapitel die gleichen Hinweise zu geben, sind hier einige Tips leicht auffindbar zusammengestellt und können an verschiedenen Stellen zur Anwendung kommen. Vielleicht haben Sie sie beim Durcharbeiten der einzelnen Sachgebiete oder Anwendungen bereits vermißt, aber dadurch, daß wir sie nur an einer Stelle aufführen, war es uns möglich, mehr in diesem Buch unterzubringen als die Seitenzahl sonst zugelassen hätte.

- Überprüfen Sie die Temperatur in Ihrer Werkstatt, wenn Sie mit Kunstharzen arbeiten. Bei höheren Temperaturen härten sie schneller aus.
- Benutzen Sie einen Haartrockner oder eine andere »sanfte« Wärmequelle, um den Aushärteprozeß zu beschleunigen. Im Mischbecher härtet Epoxydharz schneller aus als wenn es dünn verstrichen ist: Mischen Sie nicht mehr davon an, als Sie in einem Arbeitsgang verarbeiten können.
- Unterschätzen Sie nicht den Zeitbedarf für das Eintupfen von Harz in ein Gewebe, sonst fängt der Pinsel zu kleben an und hebt es wieder ab.
- Verwenden Sie Thixotropie-Zusätze beim Beschichten senkrechter Oberflächen– vor allem bei tiefen Formen.
- Setzen Sie dem Harz Mikroballons als Füllmittel zu, Sie sparen Gewicht dabei und tun sich leichter beim Schleifen.
- Verwenden Sie aber keine Mikroballons, wenn eine hohe Festigkeit erzielt werden soll– lieber mehr Glasfasern besser verdichten als zu viel Harz verwenden. Denken Sie daran. daß Rovings pro Gewichtseinheit eine höhere Festigkeit ergeben als Gewebe.
- Pro Raumeinheit liefern Kohlenstoffasern eine höhere Festigkeit als Glasfasern. Dünne Rovings können zur Verstärkung von Endleisten verwendet werden.
- Glasfasermatten nehmen sehr viel mehr Harz auf als Gewebe. Sie werden am besten nur im Rumpfvorderteil verwendet. Beschneiden Sie die Kanten nach dem Angelieren mit einer Blechschere, jedoch bevor das Harz steinhart geworden ist. Verwenden Sie keinen Elektroschleifer, der Glasstaub ist gesundheitsschädlich. Tragen Sie eine Staubschutzmaske, wenn Sie GfK trokken schleifen oder Kanten beschneiden.
- Sowohl Cyanacrylatkleber als auch Polyesterharze lösen Styropor auf. Epoxydharz hält nicht richtig auf Polyesterformteilen, und Polyesterharz hält nicht richtig auf Epoxydharzteilen; Sekundenkleber hält auf beiden, und beide halten auf Sekundenkleber.
- Ein Urmodell aus weichem Balsaholz kann sich unter starkem Unterdruck verformen. Spachteln und schleifen Sie das Modell, aber nicht zu glatt, denn die Luft muß noch entweichen können. Für das Abformen in Kunstharz darf das Urmodell dagegen glatt sein, aber vergessen Sie nicht, Trennmittel zu verwenden.
- Weißleim (PVA) kann nach Verdünnen mit 60 Prozent Wasser als Trennmittel verwendet werden. Versuchen Sie es aber nicht bei geteilten Formen, sie könnten zusammenkleben. Unter der Voraussetzung, daß die Trennebene gewachst ist, können Sie Weißleim aber trotzdem verwenden.
- Urmodelle aus Wachs benötigen keinen Freiwinkel, da sie ausgeschmolzen werden können. Dafür kann man sie aber auch nur einmal verwenden.
- Auch Gummiformen kommen ohne Freiwinkel aus, da sie zum Entformen gedehnt werden können. Sie sind aber zu weich, um ohne ein äußeres Gehäuse aus Gips oder GfK eingesetzt werden zu können. Stellen Sie sicher, daß dieses

Stützmaterial als erstes abgenommen werden kann, sonst sind Sie beim Entformen so schlau wie am Anfang.

- Aus Gummi in starren Formen angefertigte Teile lassen sich zum Entformen zusammenfalten.
- Das Latexformverfahren beruht auf der Absorption oder Verdunstung des Wassers aus der Lösung, wodurch sich das Latex an den Wänden der Form niederschlägt. Die Gipsform muß daher vor Gebrauch getrocknet sein.
- Silikongummiteile können in Formen aus GfK, Gips, Plastilin, Wachs, oder Metall angefertigt werden. Voraussetzung ist, daß Luft hinzutreten kann.
- Wenn Kunstharze erst einmal mit ihrem Härter oder Katalysator angerührt sind, kann nichts sie daran hindern auszuhärten. Durch Kühlen kann der Aushärteprozeß aber verlangsamt werden.
- Der Aushärtevorgang ist nicht umkehrbar. Ausgehärtete Harze können nicht wieder in den flüssigen Zustand überführt werden.
- Harz an Werkzeugen, in Pinseln oder Mischgefäßen muß entfernt werden, solange es noch gummiartig ist. Anschließend reinigt man die Gegenstände mit Nitroverdünnung und läßt sie austrocknen.
- Kleine Schaumgummistücke eignen sich als Wegwerfpinsel.
- Harzpinsel sollen steife Borsten haben: Mit weichen Borsten läßt sich das Harz nicht richtig eintupfen.
- Biegen Sie einen kleinen Pinsel an der Zwinge im rechten Winkel um, und binden Sie ihn an einen langen Holzstab, um damit im Rumpf die Nähte zu erreichen.
- Wenn man Polyäthylenfolie faltenfrei über eine Außenbeschichtung spannt, erspart man sich Schleifarbeit. Sie hinterläßt eine glatte Oberfläche.
- Mit einem Topfreiber aus Nylon kann man Harz von den Händen entfernen, zusammen mit Scheuersand und Spülmittel.
- Verwenden Sie zur Grundierung und als Anstrich Farben, die sich mit dem Epoxy- oder Polyesterharz vertragen.
- Legen Sie sich ein Notizbuch an, und vermerken Sie darin die verwendeten Harze und Farben, zur Beachtung bei einer fälligen Reparatur. Geben Sie diese Information weiter, wenn Sie das Modell veräußern.

Anhang 2
Nützliche Adressen

Bacuplast, Faserverbundtechnik GmbH,
Dreherstraße 4
42899 Remscheid-Lüttringhausen;
führt sämtliche flüssigen Kunststoffe für den Modellbau, außerdem Glasfeingewebe, Carbon- und Kevlar-Gewebe, Gewebebänder, Microballons, Baumwoll-flocken, Aerosilpulver, Glasschnitzel, Modellbau-Styropor und Styrofoam.

Carbon-Werke,
Albert-Einstein-Straße 2-4,
Weißgerber GmbH & Co. KG
86757 Wallerstein;
Auslieferung von Carbonfasern »Sigrafil« ® und »Sigratex« ® als Rovings, Bänder, Gewebe, Schläuche; Stäbe, Rohre und Platten; Spezialharzsysteme.
® = Eingetragenes Wahrenzeichen

GeFa Faserverbundwerkstoffe,
Lerchenbergstraße 34,
71665 Vaihingen-Horrheim;
führt sämtliche Materialien wie Glas-, Aramid- und Kohlegewebe, Reiniger, Klebstoffe und sonstiges.

GREVEN,
Industriestraße 13
68542 Heddesheim
führt Kleber aller Sorten und Harze von EPOX-KITT über 2-K-Kleber wie EPOXI-BOND bis zum Laminierharz POXAN.

Kunststoff-Technik-Modellbau,
Helmut Seißler,
Kurt-Schumacher-Str. 13 A,
91052 Erlangen.

R & G Faserverbundwerkstoffe
Im Meißel 7
71111 Waldenbuch;
verschickt kostenlos Farbkatalog mit Preisliste für viele verschiedene Harzsysteme einschließlich Verarbeitungszubehör wie Vakuumpumpe, Manometer usw.; die ausgezeichneten Informationsschriften über Kohlenstoffasern, Wabenkerne und GfK-Platten-Herstellung kosten nur einen kleinen Unkostenbeitrag.